U0626375

职业教育智能焊接技术专业
教学资源库配套教材

江苏省高等学校重点教材（编号：2021-1-072）

非熔化极气体保护焊

第 2 版

主　编	吴叶军
副主编	吕　涛
参　编	陈小中　陈保国　易忠奇
	马国新　张　鑫　赵汉宇
	吴淑玄　羊文新
主　审	史维琴

机 械 工 业 出 版 社

本书为职业教育智能焊接技术专业教学资源库配套教材。本书内容根据《焊工国家职业技能标准（2018年修订）》规定的初、中、高级技工必备的技能按任务依次递进，以《特种设备焊接操作人员考核细则》规定的钨极氩弧焊焊工考核项目为主线，并增设等离子弧焊项目，将相关知识融入每个教学任务当中，实现知识与技能的有机结合。本书介绍的焊接技能从平焊到全位置焊，从板对接到管对接，涵盖焊接设备的安装与调试、不同位置的焊接操作要点、焊接参数的选择及焊接质量检查。

本书可作为高等职业院校智能焊接技术专业、中等职业院校焊接技术应用专业的教学用书，也可以作为企业焊接工人培训教材。

本书采用双色印刷，并将相关的微课和模拟动画等以二维码的形式植入书中，以方便读者学习使用。

为便于教学，本书配有电子教案、助教课件、教学动画及教学视频等丰富的教学资源。读者可登录网址 http://hjzyk.org.cn 访问。

图书在版编目（CIP）数据

非熔化极气体保护焊/吴叶军主编. —2 版 . —北京：机械工业出版社，2023.8（2025.6重印）

职业教育智能焊接技术专业教学资源库配套教材

ISBN 978-7-111-73187-0

Ⅰ. ①非… Ⅱ. ①吴… Ⅲ. ①气体保护焊-职业教育-教材 Ⅳ. ①TG444

中国国家版本馆 CIP 数据核字（2023）第 086849 号

机械工业出版社（北京市百万庄大街22号 邮政编码100037）
策划编辑：于奇慧 责任编辑：于奇慧
责任校对：李小宝 李 杉 封面设计：鞠 杨
责任印制：张 博
北京机工印刷厂有限公司印刷
2025 年 6 月第 2 版第 3 次印刷
184mm×260mm · 12.5 印张 · 307 千字
标准书号：ISBN 978-7-111-73187-0
定价：42.00 元

电话服务 网络服务
客服电话：010-88361066 机 工 官 网：www.cmpbook.com
010-88379833 机 工 官 博：weibo.com/cmp1952
010-68326294 金 书 网：www.golden-book.com
封底无防伪标均为盗版 机工教育服务网：www.cmpedu.com

职业教育智能焊接技术专业
教学资源库配套教材编审委员会

总　　序

跨入 21 世纪，我国的职业教育经历了职教发展史上的黄金时期。经过了"百所示范院校"和"百所骨干院校"，涌现出一批优秀教师和优秀的教学成果。而与此同时，以互联网技术为代表的各类信息技术飞速发展，它带动其他技术的发展，改变了世界的形态，甚至人们的生活习惯。网络学习成为一种新的学习形态。职业教育专业教学资源库的出现，是适应技术与发展需要的结果。通过职业教育专业资源库建设，借助信息技术手段，实现全国甚至是世界范围内的教学资源共享。更重要的是，以资源库建设为抓手，适应时代发展，促进教育教学改革，提高教学效果，实现教师队伍教育教学能力的提升。

2015 年，职业教育国家级焊接技术与自动化专业资源库（现为智能焊接技术专业资源库）建设项目通过教育部审批立项。全国的焊接专业从此有了一个统一的教学资源平台。智能焊接技术专业资源库由哈尔滨职业技术学院，常州工程职业技术学院和四川工程职业技术学院三所院校牵头建设，在此基础上，项目组联合了 48 所大专院校，其中有国家示范（骨干）高职院校 23 所，绝大多数院校均有主持或参与前期专业资源库建设和国家精品资源课及精品共享课程建设的经验。参与建设的行业、企业在我国相关领域均具有重要影响力。这些院校和企业遍布于我国东北地区、西北地区、华北地区、西南地区、华南地区、华东地区、华中地区和台湾地区的 26 个省、自治区、直辖市。对全国省、自治区、直辖市的覆盖程度达到 81.2%。三所牵头院校与联盟院校包头职业技术学院，承德石油高等专科学校，渤海船舶职业技术学院作为核心建设单位，共同承担了 12 门焊接专业核心课程的开发与建设工作。

智能焊接技术专业资源库建设了"焊条电弧焊""金属材料焊接工艺""熔化极气体保护焊""焊接无损检测""焊接结构生产""特种焊接技术""焊接自动化技术""焊接生产管理""先进焊接与连接""非熔化极气体保护焊""焊接工艺评定""切割技术"共 12 门专业核心课程。课程资源包括课程标准、教学设计、教材、教学课件、教学录像、习题与试题库、任务工单、课程评价方案、技术资料和参考资料、图片、文档、音频、视频、动画、虚拟仿真、企业案例及其他资源等。其中，新型立体化教材是其中重要的建设成果。与传统教材相比，本套教材采用了全新的课程体系，加入了焊接技术最新的发展成果。

焊接行业、企业及学校三方联动，针对"书是书、网是网"，课本与资源库毫无关联的情况，开发互联网+资源库的特色教材，为教材设计相应的动态及虚拟互动资源，弥补纸质教材图文呈现方式的不足，进行互动测验的个性化学习，不仅使学生提高了学习兴趣，而且拓展了学习途径。在专业课程体系及核心课程建设小组指导下，由行业专家、企业技术人员和专业教师共同组建核心课程资源开发团队，融入国际标准、国家标准和焊接行业标准，共同开发课程标准，与机械工业出版社共同统筹规划了特色教材和相关课程资源。本套教材充分利用了互联网平台技术，教师使用本套教材，结合智能焊接技术专业网络平台，可以掌握学生的学习进程、效果与反馈，及时调整教学进程，显著提升教学效果。

　　教学资源库正在改变当前职业教育的教学形式，并且还将继续改变职业教育的未来。随着信息技术的发展和教学手段不断完善，教学资源库将会以全新的形态呈现在广大学习者面前，本套教材也会随着资源库的建设发展而不断完善。

教学资源库配套教材编审委员会

前　言

本书是根据高职高专教育培养目标及智能焊接技术专业人才培养方案，同时参考《焊工国家职业技能标准（2018 年修订）》、TSG Z6002—2010《特种设备焊接操作人员考核细则》、EN 287《国际焊工资格考试标准》等要求编写的。本书是以特种设备焊接作业人员考核项目为载体、融入职业标准的理实一体化教材。

本书内容根据《焊工国家职业技能标准》规定的初、中、高级技工必备的技能，按任务依次递进，以《特种设备焊接操作人员考核细则》规定的钨极氩弧焊焊工考核项目（低碳钢板 V 形坡口平对接、低合金钢管平对接）为主线进行构建，同时增加了不锈钢板平对接位置的等离子弧焊项目，将钨极氩弧焊和等离子弧焊相关知识融入每个教学任务当中，以实现知识与技能的有机结合。书中涉及的焊接技能从平焊到全位置焊，从板对接到管对接，涵盖焊接设备的安装调试，不同位置的焊接操作要点、焊接参数的选择及焊接质量检查。同时，为全面贯彻党的二十大精神，通过深入挖掘智能焊接技术专业中的劳动教育元素，融入劳动教育内容，帮助学生逐步树立正确的劳动观念，培养学生的劳动精神和工匠精神。

本书由吴叶军任主编，吕涛任副主编，参加编写的还有陈小中、陈保国、易忠奇、马国新、张鑫、赵汉宇、吴淑玄、羊文新。本书由史维琴主审。

本书由常州工程职业技术学院和中国石化集团南京化学工业有限公司化工机械厂、迪森（常州）能源装备有限公司等企业合作共同开发，合作企业对本书内容提出了许多合理化的建议，并提供了很多案例，在此表示衷心的感谢！

由于编者水平有限，书中难免有错误或不妥之处，恳请读者给予批评指正！

编　者

目　　录

项目一

6mm 低碳钢板平对接位置的钨极氩弧焊

项目概述

按照认知规律，选择较为简单的"6mm 低碳钢板平对接位置的钨极氩弧焊"作为教学入门项目。该项目是《焊工国家职业技能标准（2018 年修订）》中的焊工初级项目，对应于 TSG Z6002—2010《特种设备焊接操作人员考核细则》的项目代号为 GTAW-Fe I -1G-6-FefS-02/11/12。GTAW 表示钨极氩弧焊；Fe I 表示材料类别，低碳钢属于 Fe I 类材料；1G 表示平焊位置；6 表示焊缝金属的厚度；FefS 表示填充金属是钢焊丝；02 表示焊丝为实心焊丝，11 表示背面无保护，12 表示电源种类和极性为直流正接。通过该项目的学习和训练，使学生能够正确地进行 6mm 低碳钢板平对接位置的钨极氩弧焊，达到焊工初级水平。

任务 1　钨极氩弧焊设备的安装与调试

学习目标

1. 了解钨极氩弧焊的基本原理。
2. 了解钨极氩弧焊的特点及适用范围。
3. 掌握钨极氩弧焊焊接设备的安装与调试方法。
4. 掌握钨极氩弧焊焊接设备的操作方法。
5. 能够正确识别焊接设备。
6. 能够选择合适的焊接参数并熟练调节参数。

必备知识

一、钨极氩弧焊概述

钨极氩弧焊是采用钨棒作为电极材料，并以惰性气体"氩气"作为保护气体的一种电弧焊方法。焊接过程中，由于钨极不熔化，所以又称为非熔化极气体保护焊。它是利用专用的氩弧焊枪，从喷嘴中喷出氩气流，排开空气，使电弧与空气隔绝，电弧和熔池在氩气保护的气氛中燃烧、熔化，通过填丝或不填丝，把两块分离的金属工件牢固地连接在一起，形成永久性接头的过程，其工作原理如图 1-1 所示。

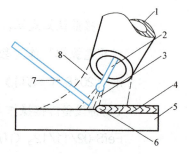

图 1-1　钨极氩弧焊的工作原理
1—喷嘴　2—钨极　3—电弧
4—焊缝　5—工件　6—熔池
7—填充焊丝　8—惰性气体

1. 焊接电弧的基本知识

（1）焊接电弧的形成　焊接电弧是强烈而持久的气体放电（导电）现象。导电的本质是带电粒子在电场的作用下定向移动，形成电流。金属导体的带电粒子是金属内部的电子；液体导电的带电粒子是正、负离子；气体导电的带电粒子由分子和原子等中性粒子组成。常态下气体是良好的绝缘体，若想气体导电，必须在气体介质中制造出"带电粒子"。

焊接电弧是通过电子发射和电离在气体中产生带电粒子。

（2）焊接电弧的构成　依据电弧电压分布的不同，电弧可分为阴极区、弧柱区和阳极区。

阴极（区）的作用是通过电子发射，向弧柱（区）提供导电所需的电子流；弧柱（区）的作用是提供导电通路；阳极（区）的作用是通过电离向弧柱（区）提供离子流。

阴极的电子发射主要有两种方式：热发射和电场发射。热发射时每个电子要带走逸出功的能量，所以热发射对阴极有较强的冷却作用。电场发射时所发射出的电子所带走的逸出功的能量由阴极区的电场提供，因此对阴极的冷却作用小。

（3）电极斑点　研究发现，在电极表面，电流密度是不均匀的。电极表面上电流密度较大、温度较高、发出耀眼光亮的点称为电极斑点。阴极上的电极斑点称为阴极斑点，阳极上的电极斑点称为阳极斑点。阴极斑点的特点是自动寻找氧化膜，阳极斑点的特点是避开氧化膜，在纯金属上形成。

（4）电弧的挺度 当电弧垂直指向工件时（如在钨极氩弧焊时），电弧总是在垂直于工件表面的位置燃烧，如图1-2所示。

把电极倾斜某一角度α时，电弧也会跟着电极同时倾斜，如图1-3所示。这种电弧能保持在电极轴线方向的特性，称为电弧的挺度。

电弧的挺度越大，电弧沿电极轴线的指向性也越强，即便由于某种因素使电极偏离轴线，也会由于电弧的挺度作用，使电弧恢复到原来电极轴线方向上。

电弧的挺度在焊接操作工艺上是十分有利的，图1-4所示就是利用电弧的挺度来控制焊缝成形和位置的。

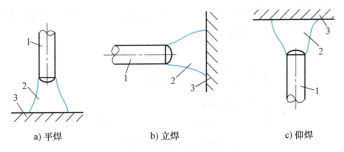

a) 平焊　　　　　　b) 立焊　　　　　　c) 仰焊

图 1-2　电弧垂直于工件时电极的位置

1—电极　2—电弧　3—工件

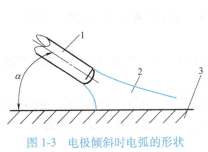

图 1-3　电极倾斜时电弧的形状

1—电极　2—电弧　3—工件

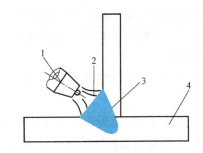

图 1-4　利用电弧挺度控制焊缝成形示意图

1—电极　2—电弧　3—焊缝　4—工件

2. 钨极氩弧焊的特点

钨极氩弧焊的代号是"GTAW"（Gas Tungsten Arc Welding），习惯上也称为 TIG 焊（Tungsten Inert Gas Welding）。钨极氩弧焊按操作方式不同，可分为手工、半自动和自动三种。手工焊时，焊枪的运动和填充焊丝的动作完全靠手工操作；半自动焊时，焊丝由送丝机构自动送进；自动焊时，当工件固定时，电极电弧做相对运动，焊枪安装在焊接小车上，小车的行走和填充焊丝均由机械完成。上述焊接方法中，以手工钨极氩弧焊应用最为广泛。

钨极氩弧焊具有以下特点：

1）保护效果好，焊缝质量高。氩气密度大于空气，可以有效地排开空气，形成保护气罩。它既不与金属起化学反应，又不溶于液态金属，金属元素的烧损很少。

2）能焊接难熔和易氧化金属，如铝、钛、镁、锆等。

3）使用小电流时，电弧稳定。氩弧在较小电流（5A）时，仍可稳定燃烧，特别适合超薄金属材料的焊接。

4）能进行全位置焊接。熔池无熔渣、无飞溅，电弧的可见性好。配合脉冲电流，可以方便地实现单面焊双面成形。

5）操作简单、容易掌握，有利于实现自动化。由于氩弧焊是明弧操作，熔池尺寸容易控制，没有熔滴过渡对电弧的扰动。焊接过程没有冶金反应，很少出现未焊透或烧穿等缺陷。

二、钨极氩弧焊设备型号

钨极氩弧焊设备根据自动化程度可以分为手工钨极氩弧焊机、半自动钨极氩弧焊机和自动钨极氩弧焊机；根据电源种类又可以分为交流、直流、逆变和脉冲钨极氩弧焊机。

手工钨极氩弧焊机型号的命名如下：

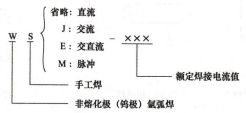

目前我国生产的钨极氩弧焊机种类繁多，现将其分类如下：

1）直流手工钨极氩弧焊机，型号是 WS-×××。这类焊机有 WS-63、WS-100、WS-160、WS-250、WS-300-2P、WS-315、WS-400 等。

2）交流手工钨极氩弧焊机，型号是 WSJ-×××。这类焊机有 WSJ-150、WSJ-300、WSJ-400、WSJ-500 等。

3）交直流手工钨极氩弧焊机，型号是 WSE-×××。如 WSE-160、WSE-315、WSE-500 等。

4）手工钨极脉冲氩弧焊机，型号是 WSM-×××。这类焊机有 WSM-250、WSM-400 等。

5）IGBT（绝缘栅双极性晶体管）逆变式直流钨极氩弧焊机。这类焊机的型号有 WS-120、WS-160、WS-200、WS-315、WS-500 等。

6）BT 逆变式直流脉冲氩弧焊机，型号是 WSM-×××。这类焊机有 WSM-160、WSM-200、WSM-315、WSM-400 等。

7）IGBT 逆变式交直流方波脉冲氩弧焊机。这类焊机的型号有 WS（M）E-200、WS（M）E-315、WS（M）E-400、WS（M）E-630。

8）其他型号有 ZX7 型、TIG 型及 NSA 型。

ZX7 型焊机，Z 表示整流，X 表示下降外特性，7 表示变频（ZX7 表示下降特性的逆变式直流弧焊机）。这类焊机有 ZX7-315、ZX7-500 等。

TIG 型焊机，TIG 表示钨极惰性气体保护弧焊机。这类焊机有 TIG-140、TIG-200、TIG-400 等。

NSA 型焊机，N 表示明弧，S 表示手工，A 表示氩气，NSA 表示手工钨极氩弧焊机。这类焊机的型号有 NSA（交流）-200、NSA（交流）-300、NSA1（直流）-300、NSA4（直流）-

300、NSA2（交直流）-300-1 等。

三、设备组成

钨极氩弧焊设备一般包括以下几部分：

1）稳恒电流焊接电源。直流或交流电源，用以引弧、稳弧及正常焊接。市售焊机负载持续率为 40%～100% 时，电流为 5～1500A，电压为 10～35V。

2）焊枪。用以夹持钨极，向焊接区直接输送保护气和向钨极传递焊接电流。

3）供气系统。包括气瓶、减压器、流量计、拖罩和背面保护装置。

4）水冷却装置。大电流焊接时用于保护焊炬。

5）焊接程序控制装置。用于控制气体、焊接小车行走、送丝和焊缝追踪。对于手工设备，控制装置在控制箱内。

6）送丝机构。自动或半自动钨极氩弧焊机中用于向熔池输送焊丝。

7）焊接电缆。用于连接焊炬、工件和电源。

钨极氩弧焊设备的组成如图 1-5 所示。

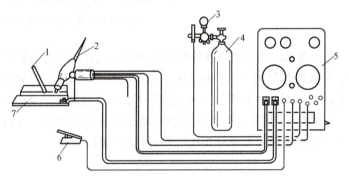

图 1-5　钨极氩弧焊设备的组成

1—填充金属　2—焊枪　3—流量计　4—气瓶　5—焊接电源
6—脚踏开关（现已将开关移至焊枪的手柄上）　7—工件

1. 焊接电源

焊接电源是电弧能量的供应者。电弧是一个变动的负载，手工操作电弧焊时，弧长会不断变化，因此，对钨极氩弧焊的焊接电源有以下特殊的要求：

（1）较高的空载电压　空载电压是指焊接电源未接负载（电弧）时的电压，即引弧前的电压。氩弧焊是在氩气中引燃电弧的，不能采用接触引弧，所以要求焊接电源的空载电压值较高。

（2）陡降的电源外特性　电源外特性是指在稳定工作状态下，焊接电源的输出电压和输出电流（焊接电流）之间的关系。焊接电源外特性通常有三种类型：水平的、缓降的和陡降的，如图 1-6 所示。钨极氩弧焊要求的电源外特性是陡降的；缓降的用于埋弧焊；水平的用于熔化极氩弧焊和 CO_2 气体保护焊。

将电弧静特性曲线和电源外特性曲线画在一起，如图 1-7 所示的 O 点，电弧在稳定燃烧时，其稳定工作点是电流的外特性曲线与电弧静特性曲线的交点。两曲线相交于两点，上面的交点 P 是电弧引燃点，下面的交点 O 是电弧稳定燃烧点。电弧只能在 O 点稳定燃烧，O 点所显示的电流 I 和电压 U，就是焊接电流 $I_焊$ 和电弧电压 $U_弧$。若焊接过程中拉长电弧，由

L 拉长到 L'，则电弧静特性曲线向上移，电弧燃烧点由 O 点移到 O' 点，电弧电压升高到 U'，而焊接电流减少到 I'，如图 1-8 所示。

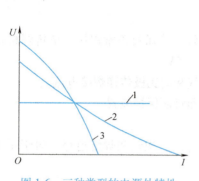

图 1-6　三种类型的电源外特性

1—水平的外特性　2—缓降的外特性

3—陡降的外特性

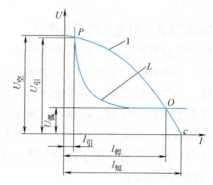

图 1-7　电弧静特性和电源外特性的关系

1—电源陡降外特性曲线　L—电弧静特性曲线　P—电弧引燃点

O—电弧稳定燃烧点　c—短路点　$U_空$—空载电压

$U_引$—引弧电压　$U_弧$—电弧电压　$I_引$—引弧电流

$I_焊$—焊接电流　$I_短$—短路电流

图 1-9 所示为弧长变动时陡降和缓降外特性的差异。电源外特性为陡降外特性 1 时，弧长由 L 拉长到 L'，电弧燃烧点由 O_1 移动到 O_1'，焊接电流变动 ΔI_1。电源外特性为缓降外特性 2 时，弧长由 L 拉长到 L'，电弧燃烧点 O_2 移到 O_2'，焊接电流变动 ΔI_2。从图 1-9 中可知，$\Delta I_1 < \Delta I_2$，即弧长变动时，采用陡降外特性电源时的焊接电流变动小。电流变动小，焊工容易控制电弧。这就是钨极氩弧焊要求陡降电源外特性的原因。

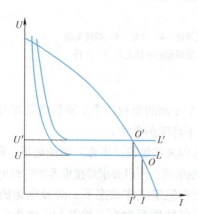

图 1-8　拉长电弧时电弧电压和焊接电流的变动

弧长 $L'>L$，电压 $U'>U$，电流 $I'<I$

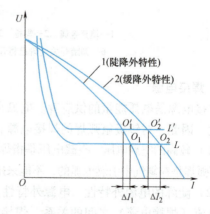

图 1-9　弧长变动时陡降和
缓降外特性的差异

（3）良好的动特性　手工操作的钨极氩弧焊，弧长难免要变动。当电弧变长时，焊接电源的电压应相应升高，否则长电弧没有高电压供给就会使电弧熄灭。良好的动特性就是焊接电源电压要随弧长变动而迅速产生相应的变动。若焊接电源电压变动慢，则电弧容易熄灭。

（4）合适的调节特性 手工钨极氩弧焊为适应不同钨极直径和焊缝空间位置，需要调节焊接电流，调节焊接电流的实质是调节焊接电源外特性。电源外特性向外移，焊接电流增大；电源外特性向内移，焊接电流减小。改变电源外特性，就能改变焊接电流，如图 1-10 所示。

2. 手工钨极氩弧焊焊枪

钨极氩弧焊的焊接系统中，除了焊接电源外，另一重要的组成部分就是焊枪。它不仅能传导电流，产生焊接电弧，还起着输送

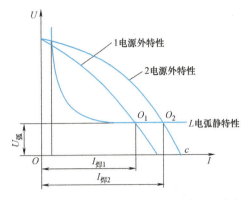

图 1-10　焊接电源外特性改变与焊接电流改变

保护气体，保护焊丝、熔池、焊缝和热影响区，使之与空气隔绝，以获得良好的焊接接头的作用。

（1）焊枪的作用与要求 钨极氩弧焊焊枪的作用是夹持钨极、传导焊接电流、输送氩气等。因此，焊枪应满足如下要求：

1）焊枪喷出的保护气体应有一定的挺度和均匀性，以获得可靠的保护性。

2）焊枪与钨极具有良好的导电性能。

3）钨极与喷嘴之间要有良好的绝缘性。

4）大电流焊接时，为了保证连续工作，应设置冷却系统。

5）重量轻，结构合理，便于手工焊接操作。

6）焊枪各零件应方便维修和更换。

（2）焊枪的分类和结构 钨极氩弧焊焊枪，按冷却方式可分为水冷式和气冷式两种。钨极氩弧焊焊枪的外形如图 1-11 所示，其内部结构如图 1-12 和图 1-13 所示。

钨极氩弧焊的电极，一般采用钨铈合金，这种合金电极的使用寿命长，损耗低，引弧性能好。喷嘴由陶瓷材料制作，绝缘、耐热性好。

一般使用大电流焊接时，需要通入冷却水来冷却焊枪，冷却水管内穿入一根软铜线制成的电缆。这样既可直接冷却电缆，又能减轻导体电缆的重量，便于焊工操作。

3. 供气系统

供气系统包括氩气瓶、减压器、气体流量计及电磁气阀等。

（1）氩气瓶 氩气瓶的构造与氧气瓶相同，外表涂银灰色，并用深绿色漆标以"氩"字样，以防止与其他气瓶混用。氩气在 20℃时，瓶装最大压力为 15MPa，容积一般为 40L。

使用瓶装氩气焊接完毕时，要把瓶嘴关闭严密，防止漏气。瓶内氩气将要用完时，要留有少量底气，不能全部用完，以免空气进入。

（2）减压器 减压器是用以减压和调节使用压力的部件，市售有专用产品，通常也可用氧气减压器替代。减压器通过细牙螺纹拧到气瓶头上。单级减压器需要定期调节，以维持工作压力；双级减压器具有更精确的调节作用，当气瓶压力降低时不用重新调节。

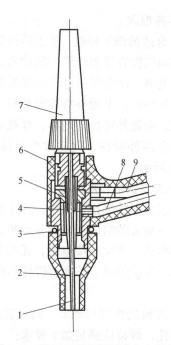

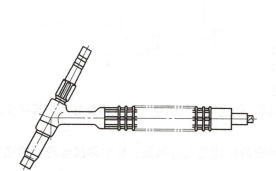

图 1-11　钨极氩弧焊焊枪的外形

图 1-12　钨极氩弧焊焊枪的内部结构

1—钨极　2—喷嘴　3—密封环　4—开口夹套
5—电极夹套　6—焊枪本体　7—绝缘帽
8—进气管　9—水管

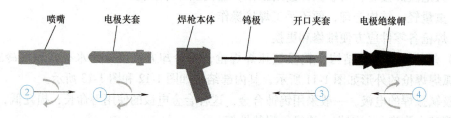

图 1-13　钨极氩弧焊焊枪内部零件拆解示意图

（3）气体流量计　气体流量计是标定气体流量大小的装置，常用的流量计有 LZB 型转子式流量计、LF 型浮子式流量计和 301-l 型浮标式减压、流量组合式流量计等。LZB 型转子式流量计的体积小，调节灵活，可装在焊机的面板上，其构造如图 1-14 所示。

流量计的计量部分由一个垂直的玻璃管与管内的浮子组成。锥形玻璃管的大端在上，浮子可沿轴线方向上下浮动。当气体流过时，浮子的位置越高，表明氩气的流量越大。

（4）电磁气阀　电磁气阀是开闭气路的装置，它由焊机内的延时继电器控制。可起到提前供气和滞后停气的作用。当切断电源时，电磁气阀处于关闭状态；接通电源后，气阀芯子连同密

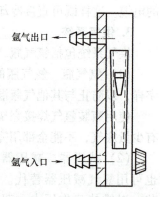

氩气出口 ←

氩气入口 ←

图 1-14　LZB 型转子式
流量计示意图

封塞被吸上去，气阀打开，气体进入焊枪。

4. 送丝机构

在自动或半自动钨极氩弧焊焊机中，送丝装置是重要的组成部分。送丝系统的稳定性和可靠性，直接影响焊接质量。

通常，细丝（焊丝直径小于 3mm）采用等速送丝方式；粗丝（焊丝直径大于 3mm）采用弧压反馈的变速送丝方式。为了保证良好的焊接质量，稳定的送丝是十分必要的。同时，还要求送丝速度在一定范围内无级调节，以满足合适的焊接工艺需要。

为了适应不同焊丝直径和不同的施工环境，送丝装置主要有以下三种形式。

1）推丝式：适用于直径为 0.8~2.0mm 的焊丝，焊枪独立于送丝装置之外，结构简单，操作灵活，应用较为广泛。

2）拉丝式：适用于直径为 0.4~0.8mm 的焊丝，焊枪与送丝机构合为一体，焊枪较重，结构也较复杂，所以操作性较差。

3）推拉丝式：大型工件的焊接，往往需要加长的送丝软管，这时推式和拉式的送丝装置都无法完全满足要求，而宜采用推拉丝式送丝装置。

5. 水冷装置

GTAW 采用大电流或连续焊接时，焊枪中产生的热量较多，为了防止过热，需要一个水冷装置冷却焊枪。可采用自来水主管路或自己独立的循环冷却装置。水路中应装有水压开关（一般在控制箱内），以保证冷却水接通并有一定压力后才能起动焊机。

四、WSM-400 型钨极氩弧焊机介绍

1. 概述

WSM-400（PNE21-400P）型钨极氩弧焊设备是基于 DSP、模糊控制、波形控制及自适应控制技术的全数字脉冲氩弧/直流氩弧焊机，具有脉冲氩弧、直流氩弧、氩弧点焊、焊条电弧焊及简易氩弧焊五种焊接方式。

2. 主要参数

WSM-400 型钨极氩弧焊机主要参数见表 1-1。

表 1-1　WSM-400 型钨极氩弧焊机主要参数

参　　数	取　　值
输入电压	三相交流，266~456V，50/60Hz
额定输入容量	18.4kV·A
空载电压	55~75V
输出电流调节范围	1~400A
推力范围	0~150A/ms
引弧电流范围	15~400A
引弧时间范围	0.01~1s
脉冲频率范围	0.1~500Hz
脉冲占空比范围	0.1%~99%
基值电流范围	1~400A

（续）

参　　数	取　　值
维弧电流范围	1~400A
上坡时间	0.1~99s
下坡时间	0.1~99s
点焊时间	0.1~13s
提前送气时间	0.1~13s
滞后关气时间	0.1~13s
氩弧操作方式	11种+1种自定义方式
氩弧引弧方式	高频引弧、接触引弧
存储通道	11个
负载持续率	400A/36V，60%
功率因数	≥0.85
效率	85%
绝缘等级	F
外壳防护等级	IP23S

3. 参数设置

（1）面板说明　WSM-400型钨极氩弧焊机面板如图1-15所示。

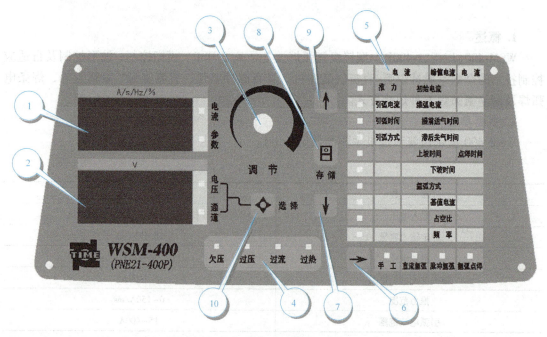

图1-15　WSM-400型钨极氩弧焊机面板

面板上各部分的功能如下：

1）参数显示表Ⅰ。

① 焊接过程中显示焊接电流,"电流"指示灯亮。

② 不焊接时显示设定参数,"参数"指示灯亮。

③ 参数调节时显示被调节参数,调节完后 10s 自动显示设定电流。

④ 开机后显示软件版本号,2s 后设定参数指示灯亮,显示设定电流。

2)参数显示表Ⅱ。

① 平时显示焊机输出电压,"电压"指示灯亮。

② 开机后显示当前通道号,2s 后"电压"指示灯亮,显示电压。

③ 按"选择"键可选择显示电压还是显示通道号(显示通道号时,"通道"指示灯亮)。

3)调节旋钮。

① 顺时针方向旋转,用于增大被调节参数的值。

② 逆时针方向旋转,用于减小被调节参数的值。

③ 快速转动旋钮时,参数调节速度会加速。

4)报警显示区。

① 在正常状态时,所有的报警指示灯均不亮。

② 过电流保护时,焊机停止工作,"过流"指示灯亮并伴有报警声,若要继续工作,须重新起动焊机。

③ 当电网欠电压或过电压时,焊机停止工作,"欠压"或"过压"指示灯亮并伴有报警声。当电网电压恢复正常后,"欠压"或"过压"指示灯熄灭,焊机自动恢复正常工作。

④ 当焊机主电路过热时,焊机停止工作,"过热"指示灯亮并伴有报警声。当主电路温度降下来后,"过热"指示灯熄灭,焊机自动恢复正常工作。

⑤ 当焊机发生保护后,此时焊机所显示的电压与电流值为报警以前的值,与报警时焊机的状态无关。

5)参数选择区。参数选择区用于指示调节和显示的参数名称。底部横排的焊接方式指示灯用于指示现在处于哪种焊接方式,竖排的参数指示灯指示参数显示表Ⅰ中显示的是当前焊接方式的哪个参数,若要调整某个参数,必须先通过按键选择该参数,然后才可调节。

参数选择或调整完毕后,若不再按键或调节旋钮,10s 后焊机自动转换到第一个参数。

6)焊接方式选择键。焊接方式选择键用于选择焊接方式。按动该键可使焊接方式指示灯在几种焊接方式下切换。

7)下翻键。下翻键用于选择参数,按动该键可使参数指示灯向下移动,移到底部时会返回第一个参数。

8)存储键。存储键用于存储参数及自定义氩弧方式。

9)上翻键。上翻键用于选择参数,按动该键可使参数指示灯向上移动,移到顶部时会返回最后一个参数。

10)选择键。选择键主要用于选择参数显示表Ⅱ的显示内容:电压或通道号。

(2)参数表说明(氩弧焊)氩弧焊(直流氩弧、脉冲氩弧和氩弧点焊)共有 10 个可调参数:

1)电流:1~400A。

2)初始电流:1~150A。

初始电流是按下枪开关引燃电弧后的电流,应根据工艺要求确定。初始电流大,则容易引弧，但在焊薄板时不宜太大，否则容易在引弧时烧穿工件。在某些操作方式下引燃电弧后，电流先停留在初始电流而不上坡，以达到预热工件或照明的目的。

3）维弧电流：1~400A。

维弧电流是在某些操作方式下，电流下坡后不灭弧，在维弧状态工作，经过一段时间后，通过枪开关的控制使电流重新上坡工作（如氩弧方式1、2、5、8），此维持电弧的电流即维弧电流。该电流应根据工艺要求确定。

4）提前送气时间：0~13s。

提前送气时间是指从按下枪开关送出氩气至非接触引燃电弧的时间。一般应大于0.5s，以保证放电引弧时氩气已经以正常流量送到焊枪，尤其是气管较长时应加大提前送气时间。

5）滞后关气时间：0.1~13s。

滞后关气时间是指从焊接电流关断至焊机内气阀关断的时间。时间太长，会造成氩气浪费；时间太短，会因为停气太早而造成焊缝氧化。一般为5~10s即可。

6）上坡时间：0.1~99s。

上坡时间是指电流从0上升到设定电流的时间，应根据工艺要求确定。

7）点焊时间：0.1~13s。

点焊时间为氩弧点焊的时间，该参数应根据工艺要求确定。

8）下坡时间：0.1~99s。

下坡时间是指电流从设定电流下降到0的时间，应根据工艺要求确定。

9）氩弧方式：0~11。

氩弧方式是指直流氩弧和脉冲氩弧焊接中，用枪开关控制焊接电流的操作方式。焊机本身提供11种方式，即氩弧方式0~10（表1-2），用户还可定义一种自己的操作方式，即氩弧方式11。氩弧方式应根据工艺要求和用户的操作习惯而定。

表1-2 12种氩弧方式

氩弧方式	焊接方法	TIG枪开关及电流曲线
0	① 按下枪开关后引弧、上坡 ② 松开枪开关后下坡、熄弧 ③ 若熄弧前再次按下枪开关，则上坡至设定值，转到②	
1	① 按下枪开关后引弧至初始值 ② 再次按下枪开关后上坡 ③ 再次按下枪开关后下坡、维弧 ④ 再次按下枪开关熄弧	
2	① 按下枪开关后引弧至初始值 ② 再次按下枪开关后上坡 ③ 再次按下枪开关后下坡至维弧，转到② ④ 若0.5s内接连两次按下枪开关，则下坡、熄弧	
3	① 按下枪开关后引弧、上坡，若1s内松开枪开关，则熄弧 ② 若1s后松开枪开关，则维持设定电流 ③ 再次按下枪开关后下坡、熄弧 ④ 若在熄弧前再次按下枪开关，则上坡至设定电流，转到③	

（续）

氩弧方式	焊接方法	TIG 枪开关及电流曲线
4	① 按下枪开关后引弧、上坡 ② 再次按下枪开关后下坡、熄弧 ③ 若在熄弧前再次按下枪开关，则上坡至设定电流，转到②	
5	① 按下枪开关后引弧至初始值 ② 松开枪开关后上坡 ③ 再次按下枪开关后下坡至维弧 ④ 松开枪开关后熄弧	
6	① 按下枪开关后引弧、上坡 ② 若 1s 内松开枪开关，则维持设定电流，再次按下枪开关后下坡、熄弧 ③ 若 1s 后松开枪开关，则下坡、熄弧	
7	① 按下枪开关后引弧、上坡 ② 松开枪开关后下坡至维弧 ③ 再次按下枪开关，再上坡至设定值，转到② ④ 若按下枪开关后立即松开，则熄弧	
8	① 按下枪开关后引弧至初始值 ② 松开枪开关后上坡 ③ 再次按下枪开关后下坡至维弧 ④ 松开枪开关后上坡，转到③ ⑤ 若松开枪开关后立即再次按下，则熄弧	
9	① 按下枪开关后引弧、上坡 ② 再次按下枪开关后由直流氩弧转成脉冲氩弧焊方式（或由脉冲氩弧转成直流氩弧焊方式） ③ 重复② ④ 若 0.5s 内接连两次按下枪开关，则下坡、熄弧 注：必须设置好脉冲氩弧参数（适用于 PNE21-400P）	
	① 按下枪开关后引弧、上坡 ② 若 0.5s 内接连两次按下枪开关，则下坡、熄弧（适用于 PNE20-400）	
10	① 按下枪开关后开始上坡 ② 松开枪开关后停止上坡 ③ 再次按下枪开关后开始下坡 ④ 再次松开枪开关后停止下坡 ⑤ 再次按下枪开关后开始上坡，转到② ⑥ 若开始下坡后不再按下枪开关，则下坡至断弧 操作技巧： 1）将上、下坡时间设到较长 2）如果在停止上坡后想继续上坡，则按下枪开关后立刻松开，然后再按下枪开关即可上坡 继续下坡操作与继续上坡类似	
11	自定义氩弧操作方式	

10）峰值电流（1～400A）、基值电流（1～400A）、占空比（0.1%～99%）及频率（0.1～500Hz），这四个参数是脉冲氩弧专有的，参见图1-16。

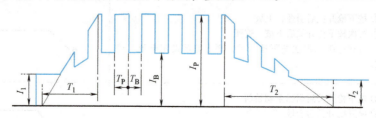

图1-16 脉冲氩弧电流曲线

图中 I_1 为初始电流，I_B 为基值电流，I_P 为峰值电流，I_2 为维弧电流。T_1 为上坡时间，T_2 为下坡时间。T_P 为峰值电流持续时间，T_B 为基值电流持续时间，T_P+T_B 为脉冲周期，脉冲频率为周期的倒数，即 $1/(T_P+T_B)$。占空比为峰值电流持续时间在脉冲周期中所占的百分比，即 $100×T_P/(T_P+T_B)$，改变脉冲频率和占空比便可以调节 T_P 和 T_B 的值。

4. 安装、调试及操作

（1）前面板结构 前面板结构如图1-17所示。

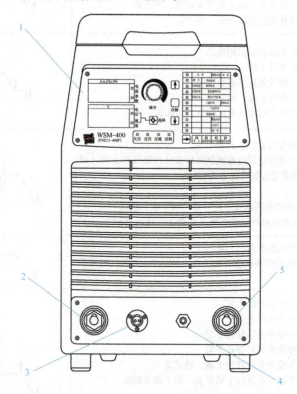

图1-17 前面板结构

1—前面板：焊接参数调节区 2—正输出端子：焊机输出正极，红色 3—TIG焊枪接线端子：两芯航空插座
4—保护气输出端子：螺纹尺寸为M16×1.5 5—负输出端子：焊机输出负极，黑色

（2）后面板结构 后面板结构如图1-18所示。

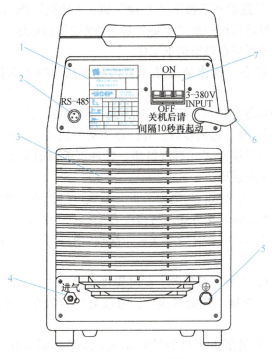

图 1-18　后面板结构

1—铭牌：用于标记焊机的主要技术参数　2—RS-485 通信口：用于与其他设备通信
3—散热风机口：用于焊机的主电路散热，焊机在使用过程中请勿遮挡
4—保护气体进气口：用导气管连接到气瓶或其他送气设备　5—接地螺钉：请可靠接地
6—三相电缆：接三相 380V/50Hz 电源　7—电源开关

（3）通道的概念　通道是为了用户存储和调用焊接参数所设置的，每个通道均可存储焊条电弧焊、直流氩弧焊、脉冲氩弧焊及氩弧点焊这四种焊接状态下的所有参数。

本机设置了 0~10 共 11 个通道，其中 0 号通道为临时通道，主要用于存储临时修改的参数。

焊机每次开机均处在上一次关机时的工作通道。工作通道的设定有下列几种情况：

1）在某一通道下焊接时，该通道便成为工作通道。若调入某一通道，但未进行焊接，则调入的通道不是工作通道。

2）参数调节后没有进行存储便开始焊接，焊机自动将调节后的参数存入临时通道（通道 0），通道 0 成为工作通道。

3）进行参数存储后，存储的通道便成为工作通道。

4）开机后的通道便为工作通道。

可根据实际使用情况，在不同的通道内存储不同的焊接参数，使经常改变工艺的焊工操作更方便；也可为不同的焊工分配不同的通道，每次开机后在自己的通道下工作，互不影响工作。

（4）显示通道　按下"选择"键，"通道"指示灯亮，参数显示表Ⅱ显示通道号（0~10）。

（5）调入通道　按下"选择"键，"通道"指示灯亮，参数显示表Ⅱ显示通道号，调节旋钮至所要调入的通道号即可。

（6）存储通道　在任意状态下按下"存储"键，"通道"指示灯开始闪烁，调节旋钮至所要存入的通道号，然后再按一次"存储"键，"通道"指示灯停止闪烁，蜂鸣器长鸣一声表示存储完毕。焊机便可以在该通道下工作。

（7）退出通道显示状态　退出通道显示有两种方法：按"选择"键或等10s后自动退出。

（8）通道应用　根据使用情况，用户在调节焊机前面板时有下列几种可能的操作方法：

1）用户已经调节好一套合适的参数，并已存入某一通道。此时只需将该通道调入并将焊接方式调到需要的氩弧焊接方式（直流氩弧、脉冲氩弧或氩弧点焊）即可开始焊接。开始焊接后，该通道成为工作通道。

2）已在某通道保存一套参数，但需要对部分参数进行修改。此时先将该通道调入，然后将焊接方式调到需要的氩弧焊接方式，再修改有关参数，便可开始焊接。参数修改后只要不存储就不会改变原通道的设置。开始焊接后，修改后的参数存入0通道，0通道成为工作通道。

3）没有合适的通道，需要调节参数。此时先将焊接方式调到需要的氩弧焊接方式，再修改有关参数，便可开始焊接。开始焊接后，修改后的参数存入0通道，0通道成为工作通道。

通道是WSM-400型钨极氩弧焊机的特殊功能，如果不需要使用，则不需要进行通道操作。

任务实施（钨极氩弧焊设备的安装与调试）

一、焊前准备

1）钨极氩弧焊焊机1台。

WSM-400型焊机安装微课

2）试板：Q235低碳钢板1块，尺寸为300mm×150mm×6mm，用砂轮机或锉刀清理试板上的油污和铁锈，使之露出金属光泽。

3）焊丝和保护气体。

焊丝：牌号为H08A的低碳钢焊丝，直径为2.5mm，用砂布清理焊丝表面的铁锈和油污。

保护气体：99.7%（体积分数）氩气。

4）工具：防护服、劳保鞋、氩弧焊手套、扳手、钢丝刷、焊接头罩、槽钢等。

WSM-400型焊机调试微课

二、安装与调试

1. 焊机安装位置

1）焊机和墙壁之间的距离应大于20cm。

2）焊机不得安装在太阳光直接照射的位置。

TIG焊安装如图1-19所示。

2. 具体安装步骤

1）切断电源，将接地螺钉可靠接地（图1-19）。

2）将三相电缆线按照图1-20所示接到配电箱，此步骤需由专门的电工完成。

3）将进气管接到后面板的保护气体进气口。

4）连接 TIG 焊枪电缆至电源"-"输出端，将焊枪电缆上的气管接入焊机保护气输出端子，将 TIG 焊枪开关线接入 TIG 焊枪接线端子，地线一端连接至电源"+"输出端，并用地线夹夹住工件。

5）接通电源，开机，调节焊接参数，打开气瓶阀门，调节气体流量。

6）戴好手套和头罩，开始进行试焊，通过调整焊接参数来调试焊接设备。

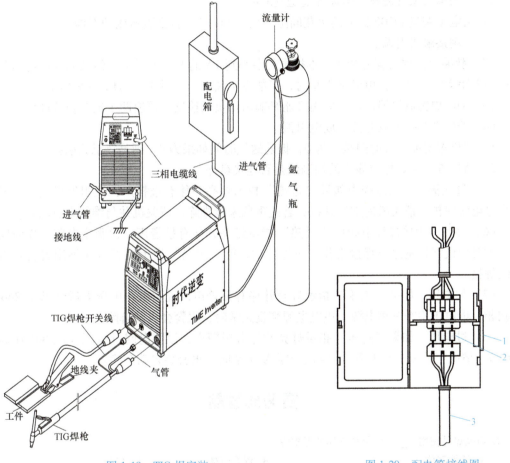

图 1-19 TIG 焊安装

图 1-20 配电箱接线图

1—配电箱电源开关 2—熔丝

3—焊机电缆

三、注意事项

1）接线时请关闭配电箱电源开关。

2）请勿接触裸露的导电部件。

3）不要将 TIG 焊枪对着人体试气。

4）电弧产生的紫外线会损害皮肤和眼睛，焊接时请穿好劳保服饰和戴好头罩。

5）不要接触过热的焊接部位。

6）不要赤手接触因焊接发热的焊接电缆或焊枪。

7）不要将手或细物伸进风扇罩。

8）焊接操作时，请将打开的机壳盖好。

四、焊机常见的问题及解决方法

（1）非接触引弧时引弧成功率不高　请从以下方面着手解决：

1）检查钨极表面是否已氧化，若已氧化，应把氧化层磨掉。

2）适当增大氩气流量，增加提前送气时间。

3）请电工调整 PCB6 板上的火花间隙（约 0.8mm），直至引弧成功率提高。

4）改用接触式引弧。

（2）脉冲氩弧焊时容易断弧　本机虽可在小到 1A 的电流下焊接，但如果峰值电流与基值电流差距太大，而基值电流又太小时，可能发生断弧，此时应适当加大基值电流。

（3）TIG 焊钨极烧损过快　原因可能是输出正负极接反，调换两个插头位置即可。

（4）TIG 焊时按下枪开关无放电引弧

1）请检查提前送气时间是否为 0，提前送气时间如果为 0，则是接触式引弧。

2）请检查 TIG 焊枪与插头的控制线是否连接良好。

（5）过电流　焊接过程中如果"过流"指示灯亮并伴有报警声，说明焊机主功率器件发生过电流保护，请关机后重新开机；若此现象未能排除，请关机并与维修人员联系。

（6）过热　焊接过程中如果"过热"指示灯亮并伴有报警声，说明主电路工作时间过长，此时焊机将强制停止焊接工作，应等片刻，待"过热"指示灯灭后（不用关机）方可继续焊接。

（7）欠电压　如果"欠压"指示灯亮并伴有报警声，说明电网电压太低（低于 266V）或缺相，请电工检查三相电源。供电电源恢复正常时，报警会自动解除。

（8）过电压　如果"过压"指示灯亮并伴有报警声，说明电网过电压（电网电压高于 456V），请电工检查三相电源。供电电源恢复正常时，报警会自动解除。

复习思考题

1. 氩弧焊是使用＿＿＿作为保护气体的保护焊。

A. 活性气体　　　　　B. 混合气体　　　　　C. 氩气

2. 熔化极氩弧焊也称金属极氩弧焊，通常用＿＿＿来表示。

A. MAG　　　　　B. TIG　　　　　C. MIG

3. 非熔化极氩弧焊采用高熔点钨棒作为电极，在氩气层流的保护下，依靠钨棒与工件间产生的＿＿＿来熔化焊丝和基体金属。

A. 电阻热　　　　　B. 摩擦热　　　　　C. 电弧热

4. 非熔化极氩弧焊也称钨极氩弧焊，通常以＿＿＿表示。

A. MAG　　　　　B. MIG　　　　　C. TIG

5. 手工钨极氩弧焊要求电源具有＿＿＿。

A. 上升外特性　　　　　B. 平外特性　　　　　C. 下降外特性

6. WSE-500 型交直流氩弧焊机，其牌号中的"W"表示＿＿＿焊机。

A. TIG　　　　　B. MAG　　　　　C. MIG

7. 按我国现行标准规定，直流 TIG 焊机的额定焊接电流为 400A 时，焊接电流的调节范围应是＿＿＿A。

    A. 40~400   B. 50~400   C. 75~630

8. 任何具有＿＿＿外特性曲线的弧焊电源都可以用作 TIG 焊接电源。

    A. 上升   B. 陡降   C. 平

9. 氩气流量计的作用是＿＿＿。

    A. 任意调整工作需要的氩气流量值   B. 启闭气路   C. 将高压氩气降至工作压力

10. 电磁气阀的作用是＿＿＿。

    A. 控制气体的流量   B. 启闭气路   C. 提前供气、滞后停气

任务 2　钨极氩弧焊平敷焊

学习目标

1. 掌握钨极氩弧焊焊丝的种类和命名规则。
2. 了解钨极氩弧焊保护气体的种类和应用场合。
3. 了解钨极的种类和特点。
4. 了解钨极氩弧焊焊接电源的种类和极性。
5. 掌握钨极氩弧焊的基本操作技能。
6. 能够正确进行引弧、接头、运条、收弧等基本操作。

必备知识

钨极氩弧焊焊材包括焊丝、保护气体和钨极。

一、钨极氩弧焊焊丝

1. 概述

氩弧焊用焊丝有两种形式，即手工焊时用的定长度焊丝和自动焊时用的连续焊丝。手工焊所用的直裸焊丝，长度一般为 914mm 或 1000mm。直径为 0.5~1.6mm 的细焊丝，常用于精密工件；直径在 2mm 以上的焊丝，用于大电流的熔敷焊及表面堆焊。铝、铜等较软的金属焊丝，也可以直接从盘状焊丝上截取，再用手矫直后供手工氩弧焊使用。

盘状焊丝主要用于自动焊或半自动焊。在熔化极电弧焊中，焊丝为熔化电极。

另一种焊丝制成可熔化的衬垫形式。这种焊丝用于小直径管道的焊接。焊接前将环状焊丝置于坡口根部，在焊接过程中熔入焊缝。

实心焊丝一般是由盘条拔制而成的，在制造过程中，逐渐减小拉模孔径，直至达到需要的直径。

经冷拔后成形的焊丝，要经退火处理以降低硬度，然后再对焊丝表面进行清理、剪切（或卷绕），按规定的尺寸切断、包装。

药芯焊丝是近年来发展起来的新型焊接材料，在我国始用于 20 世纪 80 年代后期。药芯焊丝有两种形式，一种是气保护型；另一种是气-渣联合保护型。气-渣联合保护型焊丝在焊接时不需要采用气体保护。药芯焊丝的工艺性能好，飞溅少，焊缝成形美观；施焊时能形成

有一定表面张力、轻软的熔渣壳以保护焊缝，使焊缝避免高温氧化，降温后能自动脱落，但是价格比实心焊丝要昂贵。

焊丝的包装一般是盒装，质量为 5～25kg；比较贵重的稀有金属焊丝，盒装质量为 1～5kg；可熔化衬环的焊丝，最大包装质量为 30kg。

在焊丝的单元包装上，应明确标出焊丝的标准和分类。附加标记有：供货单位，焊丝名称、直径、净重、批号，原材料的炉号等。较软的大直径有色金属焊丝应有打印标记。

焊丝的表面应洁净、光滑，无油渍和锈蚀。除不锈钢焊丝外，其他焊丝表面都均匀地镀有一层铜，镀层很薄，对焊接质量不会有什么影响。

焊丝在使用前，可用干净的白布检验焊丝表面的洁净程度，不应有油、锈、水等污物。手工钨极氩弧焊时，操作者要戴干净的白线手套，避免送丝过程中污染焊丝。

自动焊时，需要顺畅地进行焊丝送给，以保证焊丝在熔池中的可靠定位。送丝是靠盘状焊丝造型的允许范围和焊丝自然展开时的螺旋线来保证的。盘状焊丝的造型依据从焊丝盘上剪切下来一定长度的一段焊丝，在自由状态下形成螺旋线的直径。螺旋线的直径太小时，送丝受阻，不顺畅；螺旋线的直径太大时，焊丝送出焊嘴后会引起电弧飘浮，造成焊缝成形不良。我国标准规定，直径大于或等于 0.89mm 的焊丝，绕在直径大于或等于 200mm 的卷筒上，最小造型直径应为 380mm；手工焊用焊丝，经矫直后，按 914mm 或 1000mm 定长度切断。

自动焊时，为了便于送丝和保护驱动轮，对焊丝出厂硬度有一定的要求。这需要焊丝拔制后的最终退火处理工序来保证。

2. 焊丝的分类与焊丝标准

（1）焊丝的分类　在氩弧焊中，焊丝可根据用途、制造方法和焊接方法等分类。

按用途焊丝分为：碳钢焊丝（如 H08A、H08MnA 等）、低合金钢焊丝（如 H08Mn2Si 等）、不锈钢焊丝（如 H06Cr21Ni10、H022Cr19Ni12Mo2 等）和有色金属焊丝〔如 Cu 焊丝（HS220）、Ti 焊丝（TA1）、Al 焊丝（HS301）〕等。

按制造方法焊丝分为：实心焊丝（如 H08CrMoA）和药芯焊丝（含气保护 YJ422-1 和自保护 YZ-J507-2）等。

按焊接方法焊丝分为手工焊、半自动焊和自动焊用焊丝等。

（2）焊丝标准

1）国内标准。目前已有的国家或行业 GTAW 焊丝标准如下：

GB/T 39280—2020　《钨极惰性气体保护电弧焊用非合金钢及细晶粒钢实心焊丝》

GB/T 8110—2020　《熔化极气体保护电弧焊用非合金钢及细晶粒钢实心焊丝》

GB/T 14957—1994　《熔化焊用钢丝》

GB/T 39281—2020　《气体保护电弧焊用高强钢实心焊丝》

GB/T 29713—2013　《不锈钢焊丝和焊带》

YB/T 5092—2016　《焊接用不锈钢丝》

GB/T 9460—2008　《铜及铜合金焊丝》

GB/T 10858—2008　《铝及铝合金焊丝》

GB/T 10044—2022　《铸铁焊条及焊丝》

GB/T 15620—2008　《镍及镍合金焊丝》

GB/T 39279—2020 《气体保护电弧焊用热强钢实心焊丝》

GB/T 10045—2018 《非合金钢及细晶粒钢药芯焊丝》

GB/T 36233—2018 《高强钢药芯焊丝》

GB/T 17853—2018 《不锈钢药芯焊丝》

2）国外标准。我国惰性气体保护焊用焊丝尚未形成完整的体系，缺项者暂借用美国焊接学会（AWS）标准，AWS标准具有一定的通用性，已被世界组织和许多国家接受和参考。

AWS A5.7：2007 铜和铜合金焊丝和填充丝规程

AWS A5.9：2017 不锈钢焊丝和填充丝规程

AWS A5.10：2012 铝和铝合金焊丝和填充丝规程

AWS A5.13：2010 手工电弧焊用堆焊焊丝和填充丝规程

AWS A5.14：2011 镍和镍合金焊丝和填充丝规程

AWS A5.16：2013 钛和钛合金焊丝和填充丝规程

AWS A5.18：2017 气体保护电弧焊用碳钢焊丝和填充丝规程

AWS A5.19：2006 镁合金焊丝和填充丝规程

AWS A5.21：2011 堆焊用焊丝和填充丝规程

AWS A5.24：2014 锆和锆合金焊丝和填充丝规程

AWS A5.28：2005 气体保护电弧焊用低合金钢焊丝和填充丝规程

AWS A5.30：2007 可熔化嵌条规程

3. 钢焊丝型号命名

（1）碳钢焊丝型号

1）碳钢实心焊丝型号。在旧版国家标准 GB/T 8110—2008《气体保护电弧焊用碳钢、低合金钢焊丝》中，用ER表示焊丝，其后的第一、二位数字表示熔敷金属的最低抗拉强度 R_m，短划后的字母和数字表示化学成分代号，如果还有其他附加化学成分时，可直接用元素符号表示，并要以短划"-"与前面分开。

焊丝的型号举例如下：

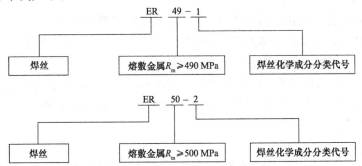

GB/T 8110—2020适用于熔化极气体保护电弧焊用非合金钢及细晶粒钢实心焊丝。在现行国家标准中，单独制定了 GB/T 39280—2020《钨极惰性气体保护电弧焊用非合金钢及细晶粒钢实心焊丝》。在该标准中，焊丝型号由四部分组成：

① 第一部分：用字母"W"表示钨极惰性气体保护电弧焊用实心填充丝。

② 第二部分：表示在焊态（A）、焊后热处理（P）条件下，熔敷金属的抗拉强度代号。

③ 第三部分：表示冲击吸收能量（KV_2）不小于 27J 时的试验温度代号。

④ 第四部分：表示焊丝化学成分分类。

除以上强制代号外，可在型号中附加可选代号：

① 字母"U"，附加在第三部分之后，表示在规定的试验温度下，冲击吸收能量（KV_2）应不小于 47J。

② 无镀铜代号"N"，附加在第四部分之后，表示无镀铜焊丝。

焊丝型号示例：

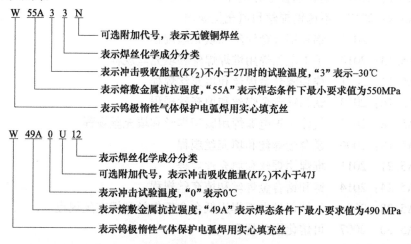

焊丝型号、化学成分见表 1-3。新旧标准焊丝型号对照见表 1-4。

2）碳钢药芯焊丝型号。在旧版国家标准 GB/T 10045—2001《碳钢药芯焊丝》中，碳钢药芯焊丝型号的表示方法为：E×××T-×ML，字母"E"表示焊丝，字母"T"表示药芯焊丝，型号中的符号按排列顺序分别说明如下：

① 熔敷金属力学性能：字母"E"后面的前 2 个符号"××"表示熔敷金属的力学性能。

② 焊接位置：字母"E"后面的第 3 个符号"×"表示推荐的焊接位置，其中 0 表示平焊和横焊位置，1 表示全位置。

③ 焊丝类别特点：短划后面的符号"×"表示焊丝的类别特点。

④ 字母"M"表示保护气体为 75%~80%（体积分数）$Ar+CO_2$。当无字母"M"时，表示保护气体为 CO_2 或为自保护类型。

⑤ 字母"L"表示焊丝熔敷金属的冲击性能在-40℃时，其 V 型缺口冲击吸收能量不小于 27J。当无字母"L"时，表示焊丝熔敷金属的冲击性能符合一般要求。

焊丝型号举例如下：

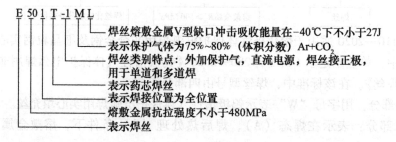

表 1-3　焊丝化学成分（GB/T 39280—2020）

序号	化学成分分类	焊丝成分 代号	化学成分（质量分数,%）①											
			C	Mn	Si	P	S	Ni	Cr	Mo	V	Cu②	Al	Ti+Zr
1	2	ER50-2	0.07	0.90~1.40	0.40~0.70	0.025	0.025	0.15	0.15	0.15	0.03	0.50	0.05~0.15	Ti: 0.05~0.15 Zr: 0.02~0.12
2	3	ER50-3	0.06~0.15	0.90~1.40	0.45~0.75	0.025	0.025	0.15	0.15	0.15	0.03	0.50	—	—
3	4	ER50-4	0.07~0.15	1.00~1.50	0.65~0.85	0.025	0.025	0.15	0.15	0.15	0.03	0.50	—	—
4	6	ER50-6	0.06~0.15	1.40~1.85	0.80~1.15	0.025	0.025	0.15	0.15	0.15	0.03	0.50	—	—
5	10	ER49-1	0.11	1.80~2.10	0.65~0.95	0.025	0.025	0.30	0.20	—	—	0.50	—	—
6	12	—	0.02~0.15	1.25~1.90	0.55~1.00	0.030	0.030	—	—	—	—	0.50	—	—
7	16	—	0.02~0.15	0.90~1.60	0.40~1.00	0.030	0.030	—	—	—	—	0.50	—	—
8	1M3	ER49-A1	0.12	1.30	0.30~0.70	0.025	0.025	0.20	—	0.40~0.65	—	0.35	—	—
9	2M3	—	0.12	0.60~1.40	0.30~0.70	0.025	0.025	—	—	0.40~0.65	—	0.50	—	—
10	2M31	—	0.12	0.80~1.50	0.30~0.90	0.025	0.025	—	—	0.40~0.65	—	0.50	—	—
11	2M32	—	0.05	0.80~1.40	0.30~0.90	0.025	0.025	—	—	0.40~0.65	—	0.50	—	—
12	3M1T	—	0.12	1.40~2.10	0.40~1.00	0.025	0.025	—	—	0.10~0.45	—	0.50	—	Ti: 0.02~0.30
13	3M3	—	0.12	1.10~1.60	0.60~0.90	0.025	0.025	—	—	0.40~0.65	—	0.50	—	—
14	4M3	—	0.12	1.50~2.00	0.30	0.025	0.025	—	—	0.40~0.65	—	0.50	—	—
15	4M31	—	0.07~0.12	1.60~2.10	0.50~0.80	0.025	0.025	—	—	0.40~0.60	—	0.50	—	—
16	4M3T	—	0.12	1.60~2.20	0.50~0.80	0.025	0.025	—	—	0.40~0.65	—	0.50	—	Ti: 0.02~0.30
17	N1	—	0.12	1.25	0.20~0.50	0.025	0.025	0.60~1.00	—	0.35	—	0.35	—	—
18	N2	ER55-Ni1	0.12	1.25	0.40~0.80	0.025	0.025	0.80~1.10	0.15	0.35	0.05	0.35	—	—

（续）

序号	化学成分分类	焊丝成分代号	化学成分（质量分数，%）①											
			C	Mn	Si	P	S	Ni	Cr	Mo	V	Cu②	Al	Ti+Zr
19	N3	—	0.12	1.20~1.60	0.30~0.80	0.025	0.025	1.50~1.90	—	0.35	—	0.35	—	—
20	N5	ER55-Ni2	0.12	1.25	0.40~0.80	0.025	0.025	2.00~2.75	—	—	—	0.35	—	—
21	N7	—	0.12	1.25	0.20~0.50	0.025	0.025	3.00~3.75	—	0.35	—	0.35	—	—
22	N71	ER55-Ni3	0.12	1.25	0.40~0.80	0.025	0.025	3.00~3.75	—	—	—	0.35	—	—
23	N9	—	0.10	1.40	0.50	0.025	0.025	4.00~4.75	—	0.35	—	0.35	—	—
24	NCC	—	0.12	1.00~1.65	0.60~0.90	0.030	0.030	0.10~0.30	0.50~0.80	—	—	0.20~0.60	—	—
25	NCC1	—	0.12	0.40~0.70	0.20~0.40	0.030	0.030	0.50~0.80	0.50~0.80	—	—	0.30~0.75	—	—
26	NCCT	—	0.12	1.00~1.65	0.60~0.90	0.030	0.030	0.10~0.30	0.50~0.80	—	—	0.20~0.60	—	Ti: 0.02~0.30
27	NCCT1	—	0.12	1.20~1.80	0.50~0.80	0.030	0.030	0.10~0.40	0.50~0.80	0.02~0.30	—	0.20~0.60	—	Ti: 0.02~0.30
28	NCCT2	—	0.12	1.10~1.70	0.50~0.90	0.030	0.030	0.40~0.80	0.50~0.80	—	—	0.20~0.60	—	Ti: 0.02~0.30
29	N1M2T	—	0.12	1.70~2.30	0.60~1.00	0.025	0.025	0.40~0.80	—	0.20~0.60	—	0.50	—	Ti: 0.02~0.30
30	N1M3	—	0.12	1.00~1.80	0.20~0.80	0.025	0.025	0.30~0.90	—	0.40~0.65	—	0.50	—	Ti: 0.02~0.30
31	N2M3	—	0.12	1.10~1.60	0.30	0.025	0.025	0.80~1.20	—	0.40~0.65	—	0.50	—	Ti: 0.02~0.30
32	ZX③	—	其他协定成分											

注：1. 表中单值均为最大值。

2. 表中列出的"焊丝成分代号"是为便于实际使用对照。

① 化学分析应按表中规定的元素进行分析。如在分析过程中发现其他元素，这些元素的总量（除铁外）不应超过0.50%。

② Cu含量包括镀铜层中的含量。

③ 表中未列出的分类可用相类似的分类表示，词头加字母"Z"。化学成分范围不进行规定，两种分类之间不可替换。

表 1-4　新旧标准焊丝型号对照

序号	GB/T 39280—2020	ISO 636：2017（B 系列）	ANSI/AWS A5.18M：2017 ANSI/AWS A5.28M：2005（R2015）	GB/T 8110—2008
1	W49A32	W49A23	ER49S-2	ER50-2
2	W49A23	W49A23	ER49S-3	ER50-3
3	W49AZ4	W49AZ4	ER49S-4	ER50-4
4	W49A36	W49A36	ER49S-6	ER50-6
5	W49AYU10	—	—	ER49-1
6	W××12	W××12	—	—
7	W××16	W××16	—	—
8	W49PZ1M3	W49PZ1M3	ER49S-A1	ER49-A1
9	W××2M3	W××2M3	—	—
10	W××2M31	W××2M31	—	—
11	W××2M32	W××2M32	—	—
12	W××3M1T	W××3M1T	—	—
13	W××3M3	W××3M3	—	—
14	W××4M3	W××4M3	—	—
15	W××4M31	W××4M31	—	—
16	W××4M3T	W××4M3T	—	—
17	W××N1	W××N1	—	—
18	W55A4HN2	W55A×N2	ER55S-Ni1	ER55-Ni1
19	W××N3	W××N3	—	—
20	W55P6N5	W55P6N5	ER55S-Ni2	ER55-Ni2
21	W××N7	W××N7	—	—
22	W55P7HN71	W55P×N71	ER55S-Ni3	ER55-Ni3
23	W××N9	W××N9	—	—
24	W××NCC	W××NCC	—	—
25	W××NCC1	W××NCC1	—	—
26	W××NCCT	W××NCCT	—	—
27	W××NCCT1	W××NCCT1	—	—
28	W××NCCT2	W××NCCT2	—	—
29	W××N1M2T	W××N1M2T	—	—
30	W××N1M3	W××N1M3	—	—
31	W××N2M3	W××N2M3	—	—

依据 GB/T 10045—2018《非合金钢及细晶粒钢药芯焊丝》，焊丝型号由八部分组成。

① 第一部分：用字母"T"表示药芯焊丝。

② 第二部分：表示用于多道焊时焊态或焊后热处理条件下，熔敷金属的抗拉强度代号，或者表示用于单道焊时焊态条件下，焊接接头的抗拉强度代号。

③ 第三部分：表示冲击吸收能量（KV_2）不小于 27J 时的试验温度代号，仅适用于单道焊的焊丝无此代号。

④ 第四部分：表示使用特性代号。

⑤ 第五部分：表示焊接位置代号。

⑥ 第六部分：表示保护气体类型代号，自保护的代号为"N"，仅适用于单道焊的焊丝在该代号后添加字母"S"。

⑦ 第七部分：表示焊后状态代号，其中"A"表示焊态，"P"表示焊后热处理状态，"AP"表示焊态和焊后热处理两种状态均可。

⑧ 第八部分：表示熔敷金属化学成分分类。

除以上强制代号外，可在其后依次附加可选代号：

① 字母"U"，表示在规定的试验温度下，冲击吸收能量（KV_2）应不小于 47J。

② 扩散氢代号"HX"，其中"X"可为数字 15、10 或 5，分别表示每 100g 熔敷金属中扩散氢含量的最大值（mL）。

例如：

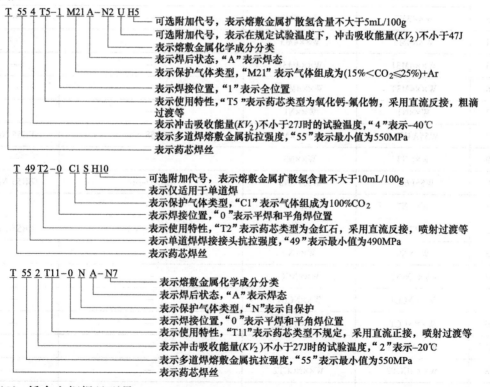

（2）低合金钢焊丝型号

1）低合金钢实心焊丝型号。在旧版国家标准 GB/T 8110—2008 中，低合金钢焊丝的型号命名与碳钢的类似，以 ER××-×× 表示，"ER"表示焊丝，"ER"后两位数字表示熔敷金属抗拉强度（R_m）的最小值，后有短划，短划后有字母和数字，表示焊丝的化学成分分类代号，"A"表示碳钼钢焊丝，"B"表示铬钼钢焊丝，"Ni"表示镍钢焊丝，"D"表示锰钼钢焊丝。数字 1、2、3 表示成分差异。若还有其他附加元素时，直接用元素符号表示。

例如：

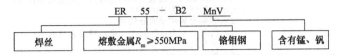

依据 GB/T 39281—2020《气体保护电弧焊用高强钢实心焊丝》，焊丝型号由五部分组成。

① 第一部分：用字母"G"表示熔化极气体保护电弧焊用实心焊丝，"W"表示钨极惰性气体保护电弧焊用实心填充丝。

② 第二部分：表示在焊态、焊后热处理条件下，熔敷金属的抗拉强度代号。

③ 第三部分：表示冲击吸收能量（KV_2）不小于 27J 时的试验温度代号。

④ 第四部分：表示保护气体类型代号，保护气体类型代号按 GB/T 39255 的规定，当第一部分代号为"W"时，保护气体类型代号"I1"可省略。

⑤ 第五部分：表示焊丝化学成分分类。

除以上强制代号外，可在型号中附加可选代号：

① 字母"U"，附加在第三部分之后，表示在规定的试验温度下，冲击吸收能量（KV_2）应不小于 47J。

② 无镀铜代号"N"，附加在第五部分之后，表示无镀铜焊丝。

例如：

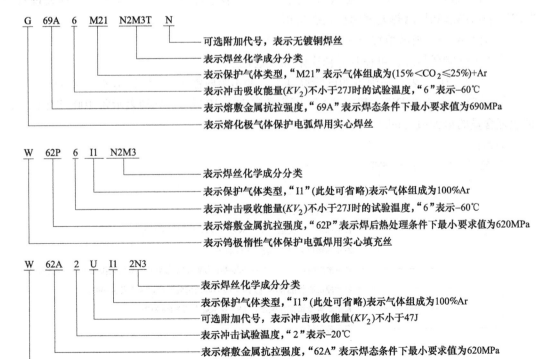

2）低合金钢药芯焊丝型号。在旧版国家标准 GB/T 17493—2008《低合金钢药芯焊丝》中，低合金钢药芯焊丝命名示例如下：

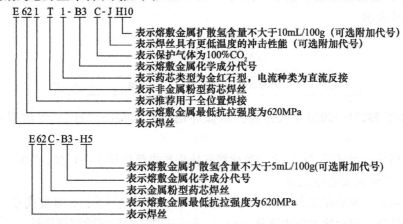

依据 GB/T 36233—2018《高强钢药芯焊丝》，型号编制包括以下几部分。

① 第一部分：用字母"T"表示药芯焊丝。

② 第二部分：表示熔敷金属的抗拉强度代号。

③ 第三部分：表示冲击吸收能量（KV_2）不小于 27J 时的试验温度代号。

④ 第四部分：表示使用特性代号。

⑤ 第五部分：表示焊接位置代号。

⑥ 第六部分：表示保护气体类型代号，自保护的代号为"N"，保护气体的代号按 GB/T 39255 的规定。

⑦ 第七部分：表示焊后状态代号，其中"A"表示焊态，"P"表示焊后热处理状态，"AP"表示焊态和焊后热处理两种状态均可。

⑧ 第八部分：表示熔敷金属化学成分分类。

除以上强制代号外，可在其后依次附加可选代号：

① 字母"U"，表示在规定的试验温度下，冲击吸收能量（KV_2）应不小于 47J。

② 扩散氢代号"HX"，其中"X"可为数字 15、10 或 5，分别表示每 100g 熔敷金属中扩散氢含量的最大值（mL）。

例如：

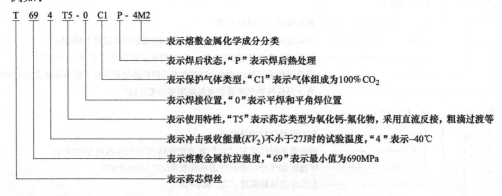

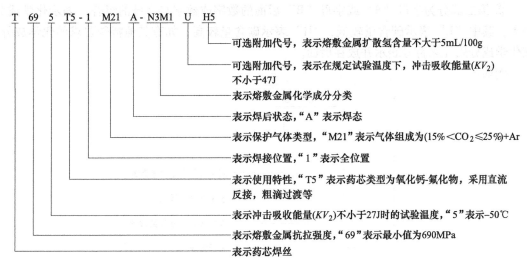

T 69 5 T5-1 M21 A-N3M1 U H5

可选附加代号，表示熔敷金属扩散氢含量不大于5mL/100g

可选附加代号，表示在规定试验温度下，冲击吸收能量(KV_2）不小于47J

表示熔敷金属化学成分分类

表示焊后状态，"A"表示焊态

表示保护气体类型，"M21"表示气体组成为(15%＜CO_2≤25%)+Ar

表示焊接位置，"1"表示全位置

表示使用特性，"T5"表示药芯类型为氧化钙-氟化物，采用直流反接，粗滴过渡等

表示冲击吸收能量(KV_2)不小于27J时的试验温度，"5"表示-50℃

表示熔敷金属抗拉强度，"69"表示最小值为690MPa

表示药芯焊丝

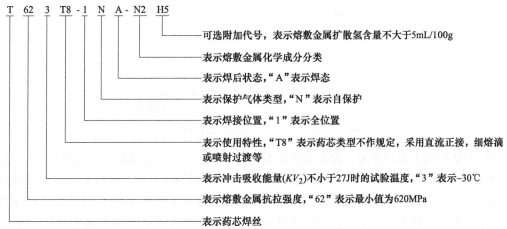

T 62 3 T8-1 N A-N2 H5

可选附加代号，表示熔敷金属扩散氢含量不大于5mL/100g

表示熔敷金属化学成分分类

表示焊后状态，"A"表示焊态

表示保护气体类型，"N"表示自保护

表示焊接位置，"1"表示全位置

表示使用特性，"T8"表示药芯类型不作规定，采用直流正接，细熔滴或喷射过渡等

表示冲击吸收能量(KV_2)不小于27J时的试验温度，"3"表示-30℃

表示熔敷金属抗拉强度，"62"表示最小值为620MPa

表示药芯焊丝

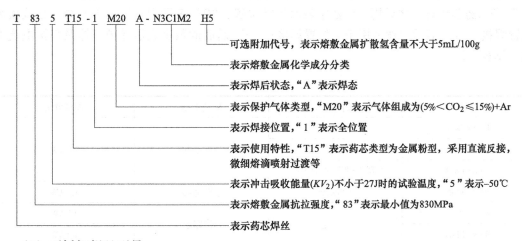

T 83 5 T15-1 M20 A-N3C1M2 H5

可选附加代号，表示熔敷金属扩散氢含量不大于5mL/100g

表示熔敷金属化学成分分类

表示焊后状态，"A"表示焊态

表示保护气体类型，"M20"表示气体组成为(5%＜CO_2≤15%)+Ar

表示焊接位置，"1"表示全位置

表示使用特性，"T15"表示药芯类型为金属粉型，采用直流反接，微细熔滴喷射过渡等

表示冲击吸收能量(KV_2)不小于27J时的试验温度，"5"表示-50℃

表示熔敷金属抗拉强度，"83"表示最小值为830MPa

表示药芯焊丝

（3）不锈钢焊丝型号

1）不锈钢实心焊丝型号。依据 GB/T 29713—2013《不锈钢焊丝和焊带》，焊丝及焊带型号由两部分组成。

① 第一部分为首位字母，表示产品分类，其中"S"表示焊丝，"B"表示焊带。

② 第二部分为字母"S"或字母"B"后面的数字或数字与字母的组合，表示化学成分分类，其中"L"表示碳含量较低，"H"表示碳含量较高，如有其他特殊要求的化学成分，该化学成分用元素符号表示并放在后面。

例如：

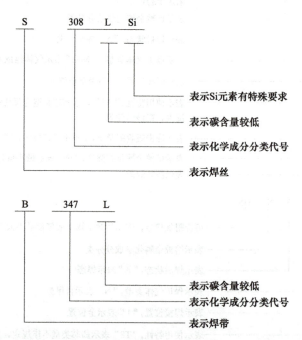

2) 不锈钢药芯焊丝型号。在旧版标准 GB/T 17853—1999《不锈钢药芯焊丝》中，型号表示方法是："E"表示焊丝；"R"表示填充焊丝；后面用三位或四位数字表示焊丝熔敷金属化学成分分类代号；如有特殊要求的化学成分，将其元素符号附加在数字后面，或者用"L"表示碳含量较低、"H"表示碳含量较高、"K"表示焊丝应用于低温环境；最后用"T"表示药芯焊丝，之后用一位数字表示焊接位置，"0"表示焊丝适用于平焊位置或横焊位置焊接，"1"表示焊丝适用于全位置焊接；"−"后面的数字表示保护气体及焊接电流类型，见表1-5。

表1-5　保护气体、电流类型及焊接方法

型号	保护气体	电流类型	焊接方法
E×××T×-1	CO_2		
E×××T×-3	无（自保护）	直流反接	FCAW
E×××T×-4	75%~80%Ar+CO_2		
R×××T1-5	100%Ar	直流正接	GTAW
E×××T×-G	不规定	不规定	FCAW
R×××T1-G			GTAW

注：FCAW 为药芯焊丝电弧焊，GTAW 为钨极惰性气体保护焊。

焊丝型号举例如下：

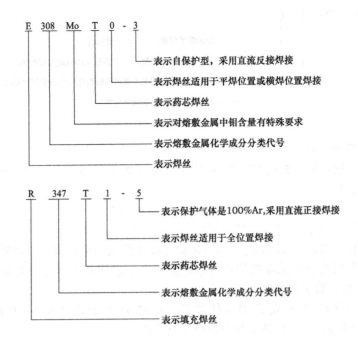

依据 GB/T 17853—2018《不锈钢药芯焊丝》，焊丝型号由五部分组成。

① 第一部分：用字母"TS"表示不锈钢药芯焊丝及填充丝。

② 第二部分：表示熔敷金属化学成分分类。

③ 第三部分：表示焊丝类型代号。

④ 第四部分：表示保护气体类型代号，自保护的代号为"N"，保护气体的代号按 GB/T 39255 的规定。

⑤ 第五部分：表示焊接位置代号。

例如：

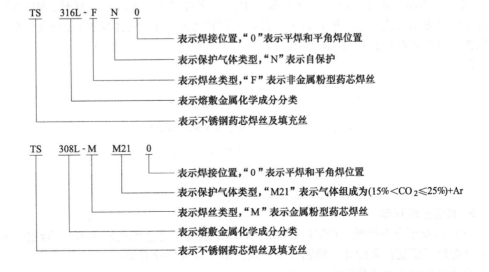

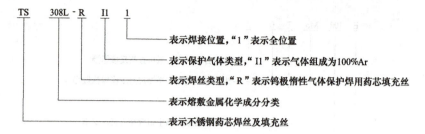

4. 钢焊丝牌号命名

（1）实心焊丝牌号 根据 GB/T 14957—1994《熔化焊用钢丝》，熔化焊通用钢焊丝采用统一的命名方法。

熔化焊通用钢焊丝的牌号是以焊丝化学成分来标明的：

① 以"焊"字拼音首字母"H"开头，表示焊丝。

②"H"后两位数字表示焊丝平均碳含量（以万分数表示的碳的质量分数）。

③ 两位数字后有化学元素符号及其后的数字，表示该元素的近似含量的百分数，当元素含量不足1%时，数字可省略。

④ 焊丝牌号尾部有 A 或 E 表示优质品，尾部标 A 表示杂质 S、P 的质量分数低于0.03%，尾部标 E 表示 S、P 的质量分数低于0.02%。

例如：

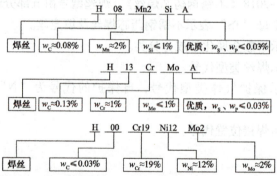

（2）药芯焊丝牌号 药芯焊丝的牌号中，首字母"Y"表示药芯焊丝，随后的两位数与焊条牌号表示方法相同，短划后为焊接时的保护方法（1—气体保护；2—自保护；3—气体保护、自保护联合；4—其他保护）。

例如：

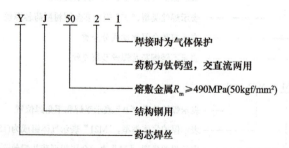

5. 有色金属焊丝

（1）铝及铝合金焊丝 GB/T 10858—2008《铝及铝合金焊丝》中规定有纯铝焊丝、铝镁合金焊丝、铝铜合金焊丝、铝锰合金焊丝、铝硅合金焊丝五类。

铝及铝合金焊丝的化学成分见表1-6。

表1-6 铝及铝合金焊丝的化学成分（部分）

焊丝型号	化学成分代号	化学成分（质量分数，%）												其他元素	
		Si	Fe	Cu	Mn	Mg	Cr	Zn	Ga、V	Ti	Zr	Al	Be	单个	合计
SA1 1070	Al 99.7	0.20	0.25	0.04	0.03	0.03	—	0.04	V 0.05	0.03	—	99.70	—	0.03	—
SA1 1080A	Al 99.8（A）	0.15	0.15	0.03	0.02	0.02	—	0.06	Ga 0.03	0.02	—	99.80	—	0.02	—
SA1 1188	Al 99.88	0.06	0.06	0.005	0.01	0.01	—	0.03	Ga 0.03 V 0.05	0.01	—	99.88	0.0003	0.01	—
SA1 1100	Al 99.0Cu	Si+Fe 0.95		0.05~0.20	—	—	—	0.10	—	—	—	99.00	0.0003	0.05	0.15
SA1 1200	Al 99.0	Si+Fe 1.00		0.05	0.05	—	—		—	0.05	—				
SA1 1450	Al 99.5Ti	0.25	0.40	0.05	—	0.05	—	0.07	—	0.10~0.20	—	99.50		0.03	—
SA1 2319	AlCu6MnZrTi	0.20	0.30	5.8~6.8	0.20~0.40	0.02	—	0.10	V0.05~0.15	0.10~0.20	0.10~0.25	余量	0.0003	0.05	0.15
SA1 3103	AlMn1	0.50	0.7	0.10	0.9~1.5	0.30	0.10	0.20	—	Ti+Zr0.10	—	余量	0.0003	0.05	0.15
SA1 4009	AlSi5Cu1Mg	4.5~5.5	0.20	1.0~1.5	0.10	0.45~0.6				0.20		余量	0.0003	0.05	0.15
SA1 4010	AlSi7Mg	6.5~7.5	0.20	0.20	0.10	0.30~0.45									
SA1 4011	AlSi7Mg0.5Ti	6.5~7.5	0.20	0.20	0.10	0.45~0.7				0.04~0.20			0.04~0.07		
SA1 4018	AlSi7Mg	6.5~7.5	0.20	0.05	0.10	0.50~0.8		0.10		0.20					
SA1 4043	AlSi5	4.5~6.0	0.8		0.05	0.05									
SA1 4043A	AlSi5（A）	4.5~6.0	0.6		0.15	0.20				0.15					
SA1 4046	AlSi10Mg	9.0~11.0	0.50	0.30	0.40	0.20~0.50									
SA1 4047	AlSi12	11.0~13.0	0.8					0.20							
SA1 4047A	AlSi12（A）	11.0~13.0	0.6	0.05	0.15	0.10				0.15					
SA1 4145	AlSi10Cu4	9.3~10.7	0.8	3.3~4.7		0.15	0.15							0.05	0.15
SA1 4643	AlSi4Mg	3.6~4.6	0.8	0.10	0.05	0.10~0.30		0.10		0.15					

焊丝型号由三部分组成，第一部分为字母"SAl"，表示铝及铝合金焊丝；第二部分是四位数字，表示焊丝型号；第三部分为可选部分，表示化学成分代号。

例如：

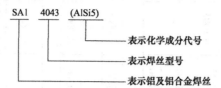

（2）铜及铜合金焊丝 GB/T 9460—2008《铜及铜合金焊丝》中规定有铜焊丝、黄铜焊丝、白铜焊丝和青铜焊丝四类。

焊丝型号由三部分组成，第一部分为字母"SCu"，表示铜及铜合金焊丝；第二部分是四位数字，表示焊丝型号；第三部分为可选部分，表示化学成分代号。

例如：

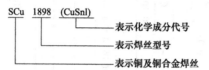

铜及铜合金焊丝化学成分参见 GB/T 9460—2008。

（3）镍及镍合金焊丝 GB/T 15620—2008《镍及镍合金焊丝》规定焊丝按化学成分分为镍、镍铜、镍铬、镍铬铁、镍钼、镍铬钼、镍铬钴、镍铬钨八类。

型号由三部分组成，第一部分为字母"SNi"，表示镍焊丝；第二部分为四位数字，表示焊丝型号；第三部分为可选部分，表示化学成分代号。

例如：

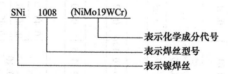

镍及镍合金焊丝化学成分参见 GB/T 15620—2008。

6. 熔化衬垫

熔化衬垫是一种填充金属环或圈，它是在焊前置于坡口中的特殊形式的焊丝。焊接时，这些特殊形式的焊丝熔入坡口内，成为焊缝的一部分。

在工业发达国家，熔化衬垫在单面焊双面成形的管道焊接中得到了充分的应用，偶尔也用于单面平板焊缝。熔化衬垫的分类和表示方法是采用下标加注成分的化学元素符号来表示的（参见 AWS A5.30M 可熔化嵌条规程）。

这种填充垫环随成分、形状和尺寸不同而变化；奥氏体不锈钢衬垫还要求标出铁素体的含量。

7. 焊丝的选用原则

焊丝的选用要遵循以下原则：

1）根据焊接结构的钢种选用焊丝。对于低碳钢和低合金钢，主要按等强度的原则，选用满足力学性能要求的焊丝。对于耐热钢和耐候钢，主要考虑焊缝金属与母材化学成分基本相近，以满足钢材的耐热和耐蚀性能的要求。

2）焊接接头的质量，尤其是冲击韧性的变化，与焊接条件、坡口形状、保护气体等施焊条件有关，在确保焊接质量的前提下，应选用高效率、低成本的焊接工艺方法和焊接材料。

3）根据现场的焊接位置，选择适宜的焊丝牌号及焊丝直径。

8. 焊丝的保管与使用

氩弧焊生产过程中，管理和使用焊丝是重要的环节。生产中如焊丝保管不妥，会造成很大的浪费；生产中如用错焊丝，会造成重大的废品返工事故，所以要重视焊丝的管理和使用。

1）进工厂的氩弧焊焊丝必须有焊丝生产厂的质量合格证，每包焊丝必须有产品说明书和检验合格证书。凡无合格证或对其质量有怀疑的焊丝，应按批进行检查试验。非标准的新产品焊丝，必须经焊接工艺评定合格后方可使用。

2）焊丝应堆放在通风良好、干燥的库房内，库房的室温为 10～15℃，最大相对湿度为 60%。

3）焊丝要按类别、规格分别堆放，要避免混放，防止发错、用错。

4）焊丝不允许直接堆放在地面上，堆放焊丝的架子或垫板应离开地面、墙壁不小于 300mm。

5）在搬运焊丝时，要避免乱扔乱放，防止破坏包装而发生焊丝散乱。

6）焊丝使用前必须进行清理（机械清理和化学清理），清理后的焊丝应立即用于焊接，不可过夜。

7）使用焊丝时，要防止其吸潮、沾污。

8）焊工要按照工艺要求领用焊丝，要明确焊丝的牌号，切不可错用焊丝。

9）焊接时，焊丝要始终处在氩气保护状态下。

二、钨极氩弧焊保护气体

1. 气体的流动状态与保护作用

（1）流体的流动状态　流体包括液体和气体两类。流体由于能位的差别，总是由高能位向低能位流动。但流体的分子之间，由于受力情况不同，其运动状态往往也不同。

例如，在一个盛满清水的容器底部引出一根玻璃管，在玻璃管的入口处插入一根有着色墨水的漏斗细管，如图 1-21 所示。

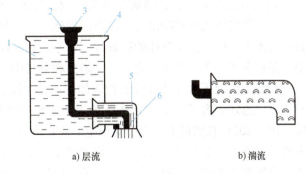

a)层流　　　　b)湍流

图 1-21　雷诺实验装置示意图

1—清水　2—着色墨水　3—漏斗　4—容器　5—清水流线　6—色水

1）当水流速度较低时，发现管内流体有条不紊地流动着，由漏斗细管中流出的着色墨水在管子中心部分流成一根细细的色水流线，顺流而出，同周围的清水互不混扰，如图 1-21a 所示。

2）当水流速度增大，超过一定极限时，发现着色墨水流出细管后，很快就同周围清水相互混扰，如图 1-21b 所示。

这种流体运动实验，称为雷诺实验。

图 1-21a 所示的流动状态称为层流。在层流中，流体的分子一层一层地各自独立、互不混扰、并驾齐驱。

图 1-21b 所示的流动状态称为湍流。在湍流中，流体中很快出现很多漩涡，层与层之间的流体分子相互混扰。

以上两种流动状态与流体所受的体积力（场力）和表面张力有着密切的关系，力系之间的作用符合牛顿力学定律。

流体在管子中的运动状态，是层流还是湍流，主要取决于一个无量纲的数值，这个数值称为雷诺数，用 Re 表示，即

$$Re = \frac{Sv}{L\nu}$$

式中　S——管子的截面积；

　　　v——流体平均流速；

　　　L——管子长度；

　　　ν——流体的运动黏度。

气体的流动状态对于焊接时气体的保护作用是十分重要的。氩弧焊时，从焊枪喷嘴里喷出的保护气体应能最大限度地保持层流状态，不让周围的空气卷入电弧高温区，以改善气体的保护效果。

（2）气体的保护作用　焊接时，气体保护的主要作用，在于采用保护气体把电弧区周围的空气排开，保护电极、熔化的液态金属以及处于高温的近缝区金属，使它们不与周围的空气接触和发生作用。因此，气体能否具有保护作用，在很大程度上取决于保护气体流出喷嘴后的状态。希望获得的状态是层流；否则，气体一出喷嘴就呈现湍流，使电弧周围的空气卷入熔池，会破坏对焊接过程的保护作用，降低焊接接头的质量，这是焊接时所不希望，甚至是不允许的。

如图 1-22 所示，假设喷嘴的结构合理，气体从喷嘴内喷出之前，已经是整齐而有规则的层流，则气体从喷嘴喷出后，逐渐向周围扩散，加上受周围空气的摩擦阻力，最外层就会有空气流入，使纯保护气体的区域逐渐缩小。离开喷嘴的距离越远，层流状态的截面积也越小，最后形成一个圆锥体，之后完全消失在空气中，失去了保护作用。

在焊接情况下的气体有效保护区如图 1-23 所示。一般认为，$D_{有效}$ 越大，气体保护作用的效果也越好。为了具体测定 $D_{有效}$ 的大小，生产时常用钨极氩弧焊（交流，AC；或直流反接，DC、RC）在铝板上进行引弧测定。测定的方法是：将焊枪对准清理好的铝板，并固定不动，先通入保护气体（氩气），然后接通电源引燃电弧，等到燃烧过程稳定以后，再停弧，等铝板上的熔池金属冷却后，再关闭氩气。这时，可发现在熔池周围有一个银白色的光亮区，很清洁、光亮，说明气体的保护效果很好。保护效果差时，有效保护区的直径减小；保护很不好时，则看不到光亮的保护区，完全变黑；当焊缝氧化严重时，甚至焊缝不能成形。因此，在一定条件下可以用实际测定的 $D_{有效}$ 值来定量地测定氩气保护的有效程度，并以此作为判定气体保护有效性的标准。

2. 钨极氩弧焊保护气体的种类与特点

大多数情况下，钨极氩弧焊使用的保护气体是氩气，但是有些场合也会用到氦气、氢气、氮气及它们的混合气体。常用保护气体的物理性质见表 1-7。

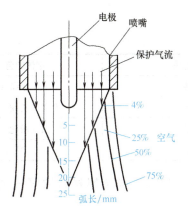 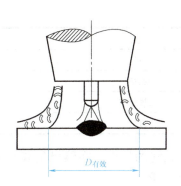

图 1-22　保护气体喷出喷嘴后的分布情况示意图　　图 1-23　气体的有效保护区

表 1-7　常用保护气体的物理性质

气体	相对分子质量	密度/（g/cm³）	电离能/eV	电弧电压/V	比热容/[J/(g·℃)]	热导率/[cal/(cm·s·℃)]
氩	39.95	1.784×10^{-3}	15.76	10~15	0.52	0.378×10^{-4}
氦	4.00	0.1785×10^{-3}	24.59	18~24	5.19	3.32×10^{-4}
氢	2.00	0.0899×10^{-3}	15.43	45~65	14.21	4.720×10^{-4}
氮	28.00	1.25×10^{-3}	15.58	30~40	1.04	0.580×10^{-4}

注：1cal=4.1868J。

（1）氩气

1）氩气的物理性质。氩气是一种无色无味的单原子惰性气体。工业用的氩气，一般都是空气液化分离制氧过程中的副产品。氩气的物理性质如下：

① 氩气是惰性气体，它不与其他物质发生化学反应，就是在高温下也不会溶于液态金属。所以可获得优质的焊缝。

② 氩气是单原子气体，在高温下可直接分离为正离子和电子，分解时能量损耗低，电弧燃烧稳定。

③ 氩气的热容量和热导率很小，所以电弧的热量损耗很小，即电弧的冷却作用小，电弧燃烧稳定性好。进入焊接区的单位体积气体吸收或带走的热量越少，电弧燃烧就越稳定。

④ 氩气的电离电位比氦气低得多。这就意味着可用较低的电弧电压引弧焊接，从而节省能量并将电弧热约束在比较集中的小区域之内。

因为它具有上述这些优点，才成为钨极氩弧焊的较佳保护气体。

⑤ 氩气的密度大，约是空气的 1.4 倍，是氦气的 10 倍。氩气从喷嘴喷出后，可以形成稳定的层流状态。因为氩气比空气的密度大，喷出时不容易飘浮散失，才能有良好的保护性能。同时，分解后的正离子体积和质量较大，对阴极的冲击力很强，具有较强的阴极清理作用。

⑥ 氩气对电弧的热收缩效应较小，加之电弧的电位梯度和电流密度不大，维持氩弧燃烧的电压一般为 10V 即可。所以焊接时拉长电弧，其电压改变不大，电弧不易熄灭。

常温的气态氩（-150℃时为液态）一般储存在高压气瓶内，最高压力为 15MPa，全容积为 40L。工业用氩气应符合 GB/T 4842—2017《氩》的规定。氩气瓶颜色为银灰色，"氩"

的字体颜色为深绿色，见表1-8。

表1-8 常用气瓶颜色及字体颜色

气体	气瓶颜色	字体颜色（字样）
氩气	银灰	深绿（氩）
乙炔	白	大红（乙炔 不可近火）
二氧化碳	铝白	黑（液化二氧化碳）
氧气	淡（酞）蓝	黑（氧）

2）氩气的纯度。在钨极氩弧焊过程中，焊接不同金属材料的氩气纯度，应能满足表1-9的要求。

表1-9 不同金属材料的氩气纯度要求

焊接材料	厚度/mm	氩气纯度（体积分数）	电流种类
钛及其合金	0.5 以上	99.99%	直正
镁及其合金	0.5~2.0	99.9%	交流
铝及其合金	0.5~2.0	99.9%	交流
铜及其合金	0.5~3.0	99.8%	直正或交流
不锈钢，耐热钢	0.1 以上	99.7%	直正或交流
低碳钢，低合金钢	0.1 以上	99.7%	直正或交流

（2）氦气 氦气（He）为无色无味、不可燃气体，空气中的体积分数约为 5.2×10^{-6}。化学性质完全不活泼，通常状态下不与其他元素或化合物结合。理论上可以从空气中分离抽取，但因其含量过于稀薄，工业上一般从含氦量约为 0.5% 的天然气中分离、精制得到氦气。

当焊接重要构件时，由于需要较大的熔深，常采用 Ar+He 混合气体保护。

氦气和氩气相比，有如下特点：

1）能焊出熔深更大、热影响区更窄的焊缝。当采用直流正接法焊接铝及其合金时，单面焊的熔深达 12mm；双面焊的熔深可达 20mm。这要比交流氩弧焊的熔深大、焊道窄、变形小、软化区小，而且母材金属不容易过热。

2）采用氦气焊接时，至少要有 60A 的焊接电流，电流过小，焊接电弧容易熄灭。

3）为了保持必要的电弧长度，电弧电压要比使用氩气时高出 40%。所以氦气电弧的温度高，热量也高度集中。

4）在同样的条件下，氦弧的焊接速度要比氩弧焊时快 30%；手工钨极氦弧焊的气体流量高达 28L/min，但焊接时必须采用直流电源。

氦气价格昂贵，很少单独使用，常与氩气混合用于焊接有色金属。一般氩气的体积分数要控制在 20%~25%，氦气为 75%~80%。

工业用氦气应符合 GB/T 4844—2011《纯氦、高纯氦和超纯氦》的规定。

（3）混合气体

1）氩气+氦气。钨极氩弧焊时，为了得到稳定的电弧和较大的熔深，经常要使用一定范围内的氩、氦混合气体作为保护气体，一般混合气体中氩气的体积分数为 20%~25%，氦气为 75%～80%。这种混合比能保持稳定的熔深，并与弧长波动无关。

2）氩气+氢气。另一种混合气体是一定比例的氩气和氢气的混合气。氢气可提高电弧电压，从而提高电弧的热功率，能增加熔深，防止焊缝咬边，抑制一氧化碳气体等。这在焊接不锈钢和镍基合金时，其作用较为明显。手工钨极氩弧焊时，氢气在混合气中的比例（体积分数）要控制在 5%；机械焊时为 15%。焊接速度的提高与氢气加入的总量成正比。氢气的总量随母材厚度的增加而增大。在同样条件下，使用氩、氢混合气体，要比使用纯氩的焊接速度高 50% 左右。

应该指出的是，碳钢、铜、铝和钛等的焊接，不能使用氩、氢混合气体。因为这些金属在常温下都能溶解部分氢，使用混合气体容易形成冷裂纹。

各种金属的保护气体选用见表 1-10。

表 1-10 各种金属的保护气体选用

母材	厚度/mm	保护气种类	优 点
铝	1.6～3.2	氩	容易引弧；具有清理作用
	4.8	氦	有较高的焊速
	6.4～9.5	氩+氦	加入氦气可降低气体流量
碳钢	1.6～6.4	氩	可较好地控制熔池，延长钨极使用寿命，易引弧
低合金钢	25	氩+氦	能增加焊透性
不锈钢	1.6～4.8	氩	较好地控制熔池，减少输出热量
	6.4	氩+氦	输出热量高，焊速快
钛合金	1.6～6.4	氩	气体流量低，减少焊缝周围骚动，以免污染
	12	氦	有较好的熔深，但要求背面保护
铜合金	1.6～6.4	氩	能较好地控制熔池，不需特别熟练的技能即可获得理想的焊缝成形
	12	氦	有比较高的热量输入
镍合金	1.6～2.4	氩	熔深和焊缝成形较好
	3.2	氩+氦	增加熔深

（4）气体保护效果评定　钨极氩弧焊时，对于气体的保护效果的评定，一般采用观察焊缝及热影响区的颜色来判定，见表 1-11。

表 1-11 从焊缝颜色区别保护效果

材料	效 果				
	最好	良好	较好	不好	最差
	颜色				
低碳钢	—	灰白光亮	灰	灰黑	—
不锈钢	银白金黄	蓝	红灰	灰	黑
铝合金	—	银白光亮	白无光亮	灰白	灰黑
纯铜	—	金黄	黄	灰黄	灰黑
钛合金	亮白	橙黄	蓝紫	青灰	白氧化粉末
锆合金	白亮	微黄	褐	蓝	灰白

三、钨极的作用、种类与特点

1. 钨极的作用

钨极氩弧焊采用钨极作为电极，在电极与工件之间形成电弧，因此，钨极起着传导电流、引燃电弧和维持电弧正常燃烧的作用。钨的熔点为3410℃，沸点高达5900℃，在各种金属中是熔点最高的一种。钨在焊接过程中一般不易熔化，所以是较理想的TIG焊电极材料。

2. 钨极的种类及特点

（1）钨极的种类　目前，国产氩弧焊或等离子弧焊所用的钨极型号及其化学成分见表1-12。

表1-12　钨极型号及其化学成分与颜色标志

分类	型号	化学成分（质量分数，%）				色标颜色（代码）
		主要添加氧化物		杂质	W	
纯钨电极	WP	—		≤0.5	≥99.5	绿色（# 008000）
铈钨电极	WCe20	CeO_2	1.8～2.2	≤0.5	余量	灰色（# 808080）
镧钨电极	WLa10	La_2O_3	0.8～1.2	≤0.5	余量	黑色（# 000000）
	WLa15		1.3～1.7			金色（# FFD700）
	WLa20		1.8～2.2			蓝色（# 0000FF）
钍钨电极	WTh10	ThO_2	0.8～1.2	≤0.5	余量	黄色（# FFFF00）
	WTh20		1.7～2.2			红色（# FF0000）
	WTh30		2.8～3.2			紫罗兰（# EE82EE）
锆钨电极	WZr3	ZrO_2	0.15～0.50	≤0.5	余量	棕色（# A52A2A）
	WZr8		0.7～0.9			白色（# FFFFFF）
复合钨电极	WX10	CeO_2、Y_2O_3、La_2O_3等	0.8～1.2	≤0.1	余量	淡绿色（# 98FB98）
	WX20		1.8～2.2			黄绿色（# 9ACD32）
	WX30		2.8～3.2			中绿色（# 66CDAA）
	WX40		3.8～4.2			橄榄绿色（# 808000）

1）纯钨极。纯钨电极的熔点为3410℃，在焊接过程中能在小电流时保持电弧稳定。当电流低至5A时，可很好地焊接铝、镁及其合金。但纯钨极在发射电子时要求电压较高，所以要求焊机具有较高的空载电压。此外，当使用大电流或进行长时间焊接时，纯钨的烧损较明显，熔化后落入熔池中使焊缝夹钨；熔化后的钨极末端变为大圆球状，造成电弧漂移不稳。因而，纯钨极只能作为焊接某些黑色金属的焊接电极。使用纯钨电极时，最好选择直流焊接电源并采用正接法，但其载流能力不佳。

2）钍钨极。钍钨极中氧化钍的质量分数为1.0%～1.3%时，钍能均匀地分布在钨体中，氧化钍的熔点为3390℃。在焊接过程中，钍钨极能较好地保持球状端头，比纯钨极具有更大的载流能力（约比纯钨极大50%），从而增加了熔透性。采用WTh10钍钨极，可焊接铜及铜合金。为满足铜合金具有低熔点和较快的热传递能力的特点要求，焊接时，钨极端部需要修磨成尖头状，并在更高温度下保持尖头形状。

采用直流电源时，可焊接较多种类的金属材料。但钍钨极中的氧化钍是一种放射性物质，所以近年来已经很少使用。

3）铈钨极。铈钨极是近年来研发的一种新型电极材料。铈钨极是在纯钨极的基础上，加入了质量分数为1.8%~2.2%的氧化铈，其他杂质的质量分数≤0.5%。铈钨极的最大优点是没有放射性及抗氧化能力强，比纯钨极的电子逸出功低30%左右（表1-13），电流密度比钍钨极高5%~8%，所以铈钨极引弧更容易，电弧的稳定性好、化学稳定性强，阴极斑点小，压降低，电极烧损率比钍钨极低5%~50%，是目前应用最为广泛的焊接用电极。

表1-13 不同电极材料的逸出功 （单位：W/eV）

金属材料	镍	钨	锆	钍	铈
逸出功	4.6	4.5	3.6	3.4	2.84

注：逸出功是指电子逃离原子核束缚所需要做的功，它是反映电子发射能力的物理量，逸出功越小，说明电子越容易逃离原子核，电极越容易发射电子，也就越容易引弧和稳弧。

（2）钨极的标志颜色 为了标识不同钨极种类，钨极尾部一般都涂有相应颜色的油漆（图1-24）。不同种类钨极的尾部标志颜色见表1-14。

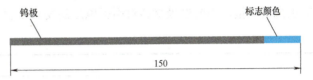

图1-24 钨极形状

（3）钨极的直径及长度 钨极直径的规格有 0.25mm、0.3mm、0.5mm、1.0mm、1.6mm、2.0mm、2.4mm、3.0mm、3.2mm、4.0mm、5.0mm、6.3mm、6.4mm、8.0mm、10mm 等，钨极长度为50~600mm。

表1-14 不同种类钨极的尾部标志颜色

电极材质	标志颜色
2%氧化钍钨（钍）	红色
2%氧化铈钨（铈）	灰色
2%氧化镧钨（镧）	蓝色
纯钨（纯钨）	绿色

3. 钨极的许用电流和电弧电压

在钨极氩弧焊时，约有2/3的电弧热作用在阳极上，1/3的电弧热作用在阴极上。因此，同一直径的钨极在直流正接条件下可承受的电流，要比直流反接时大得多，也比交流电承载的能力大。另外，钨极的电流承载能力还受焊枪形式、电极伸出长度、焊接位置、保护气体种类等因素的影响。各种规格的钨极的许用电流值见表1-15。

表1-15 钨极的许用电流 （单位：A）

直径/mm	直流正接	直流反接	不对称交流		对称交流	
			纯钨极	铈钨极	纯钨极	铈钨极
0.5	5~20	—	5~15	5~20	10~20	5~20
1.0	15~80	—	10~60	15~80	20~30	20~60
1.6	70~150	10~20	50~100	70~150	30~80	60~120

（续）

直径/mm	直流正接	直流反接	不对称交流		对称交流	
			纯钨极	铈钨极	纯钨极	铈钨极
2.4	150~250	15~30	100~160	140~235	60~130	100~180
3.2	250~400	25~40	150~210	225~325	100~180	160~250
4.0	400~500	40~55	200~275	300~400	160~240	200~320
4.8	500~750	55~80	250~350	400~500	190~300	290~390
6.4	750~1000	80~125	325~450	500~630	250~400	340~525

从表1-15可以看出，尽管在钨极材料中增添了铈等抗氧化材料，提高了电子的发射能力，降低了钨极端部温度，但承载电流能力还是没有太多的提高。这是由于承载能力受到电阻热的限制。当电流过大时，钨极就会因过热而熔化。

此外，钨极的引弧还对焊机的空载电压有一定的要求，如果电压不能满足要求，将会影响引弧的质量。不同电极材料对引弧电压的要求见表1-16。

表1-16　不同电极材料对引弧电压的要求

名称	型号	所需空载电压/V		
		母材种类		
		铜	不锈钢	硅钢
纯钨极	WP	95	95	95
钍钨极	WTh10	40~60	55~70	70~75
钍钨极	WTh20	35	40	40
铈钨极	WCe20	比钍钨极低10%		

4. 钨极端部形状

钨极氩弧焊的电弧电压，主要受焊接电流、保护气体和钨极端部形状的影响。为了在焊接过程中控制电弧电压的相对稳定，一般都要认真打磨钨极端部形状。不同端部形状的适用场合见表1-17。

表1-17　不同端部形状的适用场合

钨极端部形状	锐锥形	平顶锥形	钝锥形	圆球形
名称	锐锥形	平顶锥形	钝锥形	圆球形
适用场合	直流			交流
	小电流焊接	中等电流焊接	大电流焊接	
钨极损耗	大	中等	小	小

钨极的端部形状是一个很重要的工艺参数。当采用直流电源时，端头应为圆锥形；当采用交流电源时，端头应为球形。端头的角度大小还会影响钨极的许用电流、引弧及稳弧性能等工艺参数。小电流焊接时，选用小的钨极直径和小的端头角度，使电弧易燃和稳定；大电流焊接时，用大直径钨极和大的端头角度，这样可以避免钨极端头过热、烧损，影响阴极斑点的漂移，防止电弧向上扩展。此外，端头的角度也会影响熔深和熔宽。减小锥角，能使焊缝的熔深减小，熔宽增大。钨极端部形状和电流使用范围见表 1-18。

表 1-18　钨极端部形状和电流使用范围

钨极直径/mm	尖端直径/mm	尖端角度	恒定电流/A	脉冲电流/A
1.0	0.126	12°	2~15	2~25
1.0	0.25	20°	5~30	5~60
1.6	0.5	25°	8~50	8~100
1.6	0.8	30°	10~70	10~140
2.4	0.8	35°	12~90	12~180
2.4	1.1	45°	15~150	15~250
3.2	1.1	60°	20~200	20~300
3.2	1.5	90°	25~250	25~350

注：表中电流为直流正接条件下的值。

在采用大电流焊接厚工件，或采用交流电源焊接铝、镁等合金时，焊前应预热钨极，使其端部球化。球化后的钨极端部直径，应不大于钨极直径的 1.5 倍。端部直径太大时，端球容易坠落，造成夹钨缺陷。球面形成后要观察表面颜色，正常时应发出亮光。如果无光，则表示已经被氧化；如果呈蓝色或紫色甚至黑色时，则表示保护气体滞后或流量不足。

铈钨极及钍钨极的耐热性和载流能力比纯钨极好，其端部可采用锥形，使电弧集中。一般锥角在 30°~120° 之间，以获得较窄的焊缝和更好的熔透性。

制备钨极端头时，要采用砂轮机打磨的方法修磨端头角度。打磨时，应使钨极处于纵向，绝不应采用横向打磨，这样会使焊接电流受到一定的约束，使电弧漂移。打磨所用的砂轮，应为优质的氧化铝或氧化硅砂轮。

5. 钨极的选用

在实际生产过程中，钨极氩弧焊焊接金属材料选用什么样的钨极比较合适，是人们关注的问题。选用的钨极型号、规格和端部形状等，取决于被焊材料种类和厚度规格。钨极太细，容易被电弧熔化而造成焊缝夹钨；钨极太粗，会使电弧不稳定。所以，选择钨极直径首先应根据焊接电流的大小，然后根据焊接接头的设计和电流种类来确定。各种金属氩弧焊应配置的钨极可参见表 1-19。

在生产中采用手工钨极氩弧焊时，对于选用的钨极，还应注意以下几点：

1）按要求打磨钨极端部，防止钨极端部形成锯齿形，以免引起双弧或电弧漂移、过热。

2）焊后不要急于抬起焊枪，使钨极始终处于氩气保护中，冷却后才能中断滞后供气。

3）一般应减小钨极外伸长度，以防止钨极接触空气而受到污染。

表1-19 各种金属氩弧焊应配置的钨极

母材	厚度	电流	钨极	
铝及铝合金	所有	交流	纯钨极	锆钨极
	薄	直流反接	钍钨极	锆钨极
铜及铜合金	所有	直流正接	纯钨极	钍钨极
	薄	交流	纯钨极	锆钨极
镁合金	所有	交流	纯钨极	锆钨极
	薄	直流反接	锆钨极	钍钨极
镍及镍合金	所有	直流正接	钍钨极	铈钨极
碳钢和低合金钢	所有	直流正接	钍钨极	铈钨极
	薄	交流	纯钨极	锆钨极
不锈钢	所有	直流正接	钍钨极	铈钨极
	薄	交流	纯钨极	锆钨极
钛	所有	直流正接	钍钨极	铈钨极

4）经常检查钨极的对中和直线度，发现弯曲时可采用热矫正法矫直。

5）钨极、夹头和喷嘴的规格应相匹配，喷嘴内径一般约为钨极直径的3倍。

6）钨极表面必须光洁，无裂纹或划痕、缺损等现象。否则将使导电、导热性能变差。

四、钨极氩弧焊焊接电源的种类与极性

钨极氩弧焊按使用的焊接电源种类可分为直流钨极氩弧焊、交流钨极氩弧焊和脉冲钨极氩弧焊三种。

1. 直流钨极氩弧焊

直流钨极氩弧焊可以分为直流正接和直流反接两种。

电弧是一种特殊的气体放电现象，它是带电粒子通过两电极之间气体空间的一种导电过程。

氩弧的产生过程是：阴极发射电子→电子撞击氩气→氩气电离成正离子和电子→在电场作用下正离子向阴极区移动，电子向阳极区移动，带电粒子的定向移动就产生了连续放电，如图1-25所示。

在氩弧产生过程中，有如下特点：

1）阴极发射电子需要克服逸出功，逸出功越小，越容易产生电子。

2）阴极发射电子，需要消耗（吸收）热量。

3）电子撞击阳极，会放出大量热量。

4）正离子撞击阴极，产生的热量较少。

由2）、3）、4）可知，阳极区产生的热量要比阴极区多，阳极区产生大概2/3的热量，阴极区产生大概1/3的热量。

直流钨极氩弧焊没有极性变化，电弧燃烧比采用交流时更稳定。

（1）直流正接 采用直流正接时，如图1-25b所示。

1）工件为阳极，电子撞击工件，放出大量热量，因此熔池深而窄，生产率高，工件收

缩和变形小。

2）钨极为阴极，钨极上接受正离子轰击时放出的热量比较少，且钨极在发射电子时需要付出大量的逸出功，总体来讲，钨极上产生的热量比较少。

3）钨的逸出功很小，因此钨棒的热发射力很强，当采用小直径钨棒时，电流密度大，有利于电弧稳定。

综上所述，直流正接的优点很多，除铝、镁合金外的金属，尽可能采用直流正接。

（2）直流反接 铝、镁合金采用直流反接，是因为直流反接时有"阴极雾化"作用，能够去除铝、镁合金表面致密的氧化膜。

1）阴极雾化。阴极雾化又称阴极破碎，是一种能够自动去除氧化膜的现象。

铝、镁及其合金的表面存在一层致密难熔的氧化膜（Al_2O_3 的熔点为 2050℃，铝的熔点只有

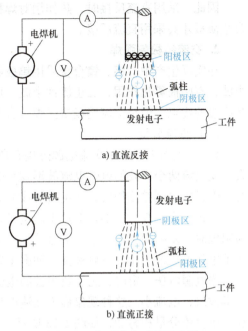

a) 直流反接

b) 直流正接

图 1-25 氩弧产生过程示意图

658℃），如不及时清除，会造成未熔合、气孔、夹渣等缺陷。实践证明，采用反极性时，被焊金属表面的氧化膜在电弧作用下可以自动被清除掉，从而获得表面光亮美观、成形良好的焊缝。

2）阴极雾化的产生原理。金属氧化物的逸出功要比金属小很多，因此金属氧化物更容易发射电子。

如果铝、镁合金表面某处存在氧化膜，那么此处更容易发射电子，电流密度也就更高，如图 1-26 所示，用颜色深度表示电流密度大小。同时这个区域产生的正离子也就越多，正离子的质量比电子大很多，众多正离子撞击氧化膜，致使其破坏分解而被清除掉。而这个区域由于发射电子较多，比其他区域更加光亮，也称为"阴极斑点"。

综上所述，阴极雾化必须满足两个关键条件：①阴极斑点的能量密度要很高；②被质量很大的正离子撞击，致使氧化膜破碎。

3）直流反接的缺点。虽然焊接铝、镁合金采用直流反接，可以有效地去除致密的氧化膜，但是钨极氩弧焊采用直流反接有很多缺点：

① 大约有 2/3 的热量产生在阳极区（钨极），1/3 的热量产生在阴极区（工件）。

② 电子轰击钨极，放出大量热量，容易使钨极过热。假如要通过 125A 的焊接电流，为使钨极不熔化，就需采用直径为 6mm 的钨棒；而采用正接时，只需直径为 1.6mm 的钨棒。

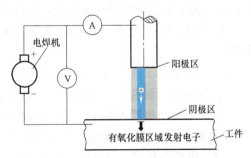

图 1-26 直流反接时阴极斑点的产生

③ 由于在工件上放出的能量不多，焊缝熔深浅而窄，生产率低，只能焊接 3mm 厚的薄板。

因此，采用直流反接时，热作用对焊接不利，钨极容易烧损，熔深浅而宽，只有铝、镁合金薄板才会采用直流反接。

2. 交流钨极氩弧焊

在实际生产中，铝、镁合金采用钨极氩弧焊时，一般选择交流电源进行焊接。在负极性半波，有阴极雾化作用；在正极性半波，可以冷却钨棒、加大熔深。因此它兼具了直流正接和反接的优点。但是交流钨极氩弧焊也有两个缺点：直流分量和电弧不稳定。

（1）直流分量

1）产生原因。采用交流电源焊接有色金属时，钨极和工件两极的热和物理性质相差很大，使交流两个半波的电弧电流波形发生畸变，即一个半波电流大，一个半波电流小，导致交流电弧中出现整流作用，产生直流成分。

当钨极为阴极时，能发射较多的电子，电流较大，阴极电压降小；而工件（有色金属）为阴极时，发射的电子量小，电流较小，阴极电压降较大。这样，在交流电的两个半波中造成了电弧电压及电流的不对称性，如图1-27所示。

当电源电压一定时，正、负半波的电流是不相等的，钨极为负半波时，电流大；工件为负半波时，电流小。这种现象称为交流电弧中的整流作用，这时的电流相当于一个交流电流和一个直流分量相叠加，如图1-28所示。

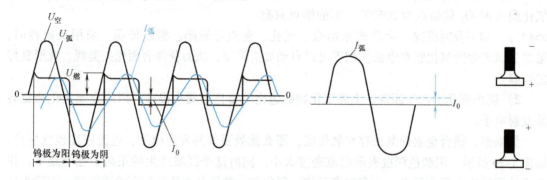

图1-27 钨极交流氩弧焊时，电压与电流的波形示意图　　图1-28 钨极交流氩弧焊时，直流分量示意图

随着电极、工件材料的热物理性能差别增大，直流分量也增大（如熔化极氩弧焊，焊丝和工件相似，直流分量就不明显），直流分量的方向是从工件流向电极，即相当于在焊接回路中，除了交流电源外，还存在正极性的直流电源。

2）直流分量的危害。直流分量是一种有害成分。由于直流分量的存在，会造成以下危害：

① 削弱清除工件表面氧化膜的作用。

② 焊接变压器铁心单向磁饱和，励磁电流增大，铁损和铜损增加，效率降低。

③ 使焊接电流严重畸变，功率因数降低，影响电弧燃烧的稳定性。

3）直流分量的防止措施。为了减少和消除直流分量，常采用表1-20给出的方法。

（2）电弧不稳定　交流钨极氩弧焊采用50Hz工频电源焊接时，每秒钟有100次经过零点，容易造成电弧的不稳定，因此必须采取以下稳弧措施：

1）提高焊接电源的空载电压。稳弧效果好，成本高、功率因数低，但不安全，很少采用。

表 1-20　消除直流分量的方法

方法	串联蓄电池	串接整流器和电阻	串联电容器
示意图			
参数	蓄电池 E 电压为 6V，容量为 300~600A·h	电阻 R 约为 0.02Ω	电容量 C 的容量为每安培焊接电流 300~400μF
工作原理	使 E 产生的电流 I_0 与直流分量 I_{DC} 方向相反，从而将后者减小或抵消	使焊接电流正半波通过 R，负半波通过整流器，从而减弱或消除原来存在的电流不对称性	电容器 C 起阻隔直流作用
特点	蓄电池笨重，体积大，维护麻烦	装置简单，体积小，但电阻消耗电能	可完全消除直流分量，使用方便，维护简单，应用最广

2）采用高频振荡器。稳弧效果好，但是高频振荡器对人体健康不利。

3）脉冲引弧、稳弧。交流电在负半周内引弧比较困难，因此在负半周加一个脉冲电流帮助引弧和稳弧。

需要指出的是，以上"直流分量"和"电弧不稳定"问题出现在工频交流焊机中，目前市售的焊机以方波电源为主，工频交流焊机已比较少见。

3. 脉冲钨极氩弧焊

（1）脉冲钨极氩弧焊的工艺特点

1）可以精确控制对工件的热输入和熔池尺寸，获得均匀的熔深；可以焊接很薄的板材（0.1mm），易于实现单面焊双面成形。

2）易实现全位置焊接。

（2）脉冲钨极氩弧焊的应用范围　脉冲钨极氩弧焊扩大了氩弧焊的应用范围，提高了焊接质量，为焊接实现机械化和自动化创造了条件。直流脉冲钨极氩弧焊可用于多种金属的焊接，交流脉冲钨极氩弧焊主要用于铝、镁及其合金的焊接。

五、钨极氩弧焊的基本操作技能

手工钨极氩弧焊的基本操作方法包括引弧、焊枪运动方式（运弧）、熔池温度控制、左焊法及右焊法、送丝、焊缝的接头、停弧和熄弧等。

1. 引弧

引弧的方法有"击穿法"和"接触法"两种。

（1）击穿法　击穿法也称为非接触引弧法。一般钨极氩弧焊的电源均设有高频或脉冲引弧和稳弧装置。引弧时，手握焊枪手把，使焊枪垂直于工件，钨极距离工件 3~5mm，按动焊枪手把上的开关，接通电源；在高频或高压脉冲作用下，击穿电极与工件之间的间隙而放电，使保护气体发生电离并形成离子流，从而引燃电弧。

这种方法能保证钨极端部的完好，烧损小，引弧质量好，因此是当前钨极手工氩弧焊应用最广泛的一种引弧方法。

（2）接触法　此法又称为短路引弧法。这种方法多用于简易氩弧焊设备，引弧时电极直接与工件导体短路接触，然后迅速拉开钨极而引燃电弧。短路法引弧要求引弧动作要快而轻，防止碰断钨极的端头，避免造成电弧不稳而使焊接产生缺陷。

有时，需要在工件上放置一块引弧板，先在引弧板上引燃电弧，等钨极预热后再迅速移动到焊接接头处，开始焊接。短路引弧根据工件的位置不同，可分为错开式和压缝式。错开式是将引弧板放置在焊接坡口的边缘处；压缝式是将引弧板放在焊缝上引弧。

接触引弧时，电极接触的瞬间会产生很大的短路电流，钨极端部容易烧损，母材也容易造成电弧擦伤。但由于设备要求简单，不需使用高频或脉冲引弧装置，所以在一些打底焊及薄板焊接中也常有应用。

电弧引燃后，焊炬要停留在引弧点不动，当获得一定大小、明亮清晰和保护良好的熔池后（需3~5s），就可以开始进行焊接。

2. 焊枪的握法及操作

焊枪握法微课

焊枪的握法一般是：右手握焊枪，用拇指和食指握住焊枪手柄，其余三指中的一指触及工作台作为支点（不能将喷嘴靠在工件的坡口边缘上），如图1-29所示。当焊接小型固定管件时，手腕要沿管壁转动，指尖始终贴在管壁上；当焊接大直径管件时，作为支点的三个手指交替沿管壁向前运行，以保持运弧的稳定。

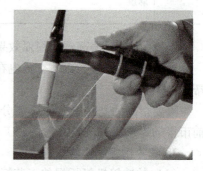

图1-29　焊枪握法

（1）左焊法与右焊法　左焊法和右焊法的操作如图1-30所示。

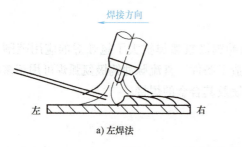

a) 左焊法

b) 右焊法

图1-30　左焊法和右焊法操作示意图

1）左焊法。左焊法也称为顺手焊。这种方法应用较普遍。在焊接过程中，焊枪从右向左移动，电弧指向未焊部分，焊丝位于电弧前面，由于操作者容易观察和控制熔池温度，焊丝以点移法和点滴法填入，焊波排列均匀、整齐，焊缝成形良好，操作也较容易掌握。

2）右焊法。右焊法又称为反手焊。在焊接过程中，焊枪从左向右移动，电弧指向已焊部分，焊丝位于电弧后面，焊丝按填入方法伸入熔池中，操作者观察熔池不如左焊法清楚，控制熔池温度较困难，尤其对于薄工件的焊接更不易掌握。

右焊法比左焊法熔透深，焊道宽，适宜焊接较厚的接头。厚度在3mm以上的铝合金、青铜、黄铜和厚度大于5mm的铸造镁合金，多采用右焊法。

左焊法适宜焊接较薄和对质量要求较高的不锈钢、高温合金。因为此时电弧指向未焊部分，有预热作用。故焊接速度快、焊道窄、焊缝高温停留时间短，对细化金属晶粒有利。左焊法中焊丝以点滴法加入熔池前部边缘，有利于气体的逸出和熔池表面氧化膜的去除，从而获得无氧化的焊缝。

（2）焊枪的运动方式（运弧）　为了保证氩气的保护效果，焊枪的移动速度不能太快。焊枪的移动方式有以下几种：

1）直线移动。根据所焊材料和厚度的不同，可有三种直线移动方式。

① 直线均匀移动。焊枪沿焊缝做直线、平稳、匀速移动，适合高温合金、不锈钢、耐热钢薄件的焊接。其优点是电弧稳定、可避免重复加热、氩气保护效果好、焊接质量稳定。

② 直线断续移动。主要用于中等厚度材料（厚度为3~6mm）的焊接。在焊接过程中，焊枪停留一定时间，当焊透后加入焊丝，沿焊缝纵向断断续续地进行直线移动。

③ 直线往复移动。焊枪沿焊缝做往复直线移动。这种移动方式主要用于小电流焊接铝及铝合金薄板材料，可防止薄板烧穿和焊缝成形不良。

2）横向摆动。有时，根据焊缝的特殊要求和接头形式的不同，要求焊枪做小幅度的横向摆动。按摆动的方法不同，可归纳为三种摆动形式，如图1-31所示。

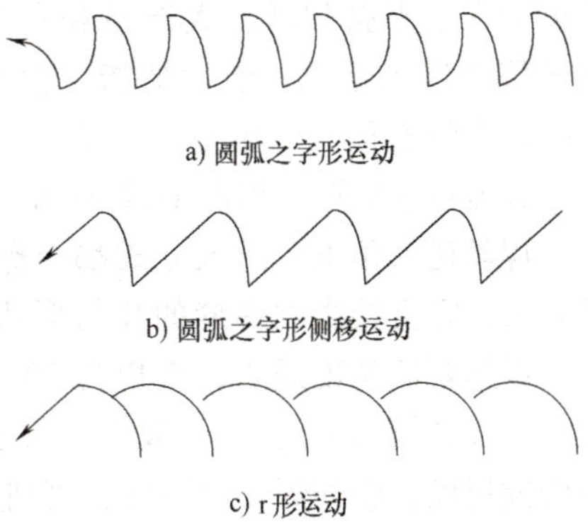

① 圆弧之字形运动。焊枪的横向摆动过程是划半圆，呈类似圆弧之字形向前移动，如图1-31a所示。这种运动适于较大的T形角焊缝、开V形坡口的对接焊或特殊要求加宽的搭接焊缝；在厚板多层堆焊或补焊时，采用此法也较广泛。

a) 圆弧之字形运动

b) 圆弧之字形侧移运动

c) r形运动

图1-31　焊枪横向摆动示意图

这种摆动形式的特点是：焊缝中心温度较高，两边热量由于向基体金属导散，温度较低。焊枪在焊缝两边停留时间稍长，在通过焊缝中心时运动速度可适当加快，以保持熔池温度正常，从而获得熔深均匀、成形良好的焊缝。

② 圆弧之字形侧移运动。焊接过程中，焊枪不仅划圆弧，且呈斜的之字形移动，如图1-31b所示。这种运动适于不齐平的角焊缝和端接头焊缝。

这种摆动形式的特点是：接头的一部分突出于另一部分，突出部分恰可用于加入焊丝。这种摆动形式的操作特点是：焊接时，使焊枪的电弧偏向突出部分，焊枪做之字形侧移运动，使电弧在突出部分停留时间延长，以熔化突出部分，不加或少加焊丝，沿对接接头的端部进行焊接。

③ r形运动。焊枪的横向摆动呈类似r形运动，如图1-31c所示。这种运动适用于厚度相差很多的平对接焊。例如厚度为2mm与0.8mm的两块材料的对接，焊枪做r形运动。根据薄厚件接头所处的位置不同，也有反向r形运动。

这种运动形式的特点是：焊枪不仅做 r 形运动，且电弧要稍微偏向厚件一边，其目的是在厚件一边停留时间长些，受热多些，薄板停留时间短，以此控制厚、薄两工件的熔化温度，防止薄焊件烧穿、厚焊件未焊透等现象。

3）摇把焊。摇把焊是近年发展起来的一种新型焊接方法。

摇把焊又称为跳弧法，即每当形成一个熔池后，立即抬起焊枪，让熔池冷却，然后焊枪又马上回到原来形成弧坑的地方，重新熔化，形成熔池，如此不间断地跳动电弧，让每个熔池连续形成焊缝。这种方法类似于焊条电弧焊时的挑弧焊。采用摇把焊时，可适当提高焊接电流，让熔池金属充分熔化，能有效地保证焊缝熔透，从而提高焊接质量。摇把焊特别适用于大直径长输管道的单面焊双面成形工艺；也适用于小直径固定管道安装的全位置焊接。

摇把焊的操作方法与气焊的焊法相似，但要特别注意的是，氩弧焊是靠氩气保护进行焊接的，所以不论如何摇动焊枪，一定不能让外界空气进入保护区。如果摇动焊枪的距离过大，破坏了气体的保护效果，就无法保证焊接质量了。

摇把焊时，焊枪的跳动要有节律，且不能距离过大和频率过快；焊接过程中，操作者始终要注意观察熔池的熔透情况，使熔化金属的背面焊缝高度和宽度保持一致。要掌握摇把焊技术，必须具有熟练的操作技能。

3. 送丝

（1）焊丝的握法　左手中指、无名指在下、小拇指在上夹持焊丝，大拇指和食指捏住焊丝，向前移动送入熔池，然后拇指、食指松开后移，再捏住焊丝前移，反复持续此动作，使整根焊丝不停顿地输送完毕，如图 1-32 所示。

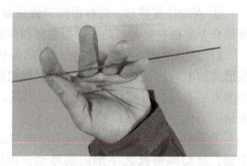

图 1-32　焊丝握法示意图

焊丝送入角度、送入方式都与操作的熟练程度有关，它直接影响焊缝的几何形状。一般情况下，焊丝要低角度送入，夹角为 $10°\sim15°$（即焊丝与工件之间的夹角），一般不能大于 $20°$。这样有利于焊丝的熔化端被保护气所覆盖并避免碰撞钨极，能使焊丝以滴状过渡到熔池中的距离缩短。

送丝操作微课

送丝时动作要轻，不要扰动气体保护层，以免空气侵入保护区。焊丝在进入熔池时，要避免与钨极接触而短路，以免钨极烧损并落入熔池中，引起焊缝夹钨。焊丝的末端不要伸入熔池，焊丝要保持在熔池和钨极中间。否则，在弧柱高温作用下，焊丝急剧熔化滴入熔池，会引起飞溅，发出"嘭嘭啪啪"的响声，从而破坏电弧的稳定性，造成熔池内部缺陷和污染，也使焊缝外观成形不良，颜色变得灰黑不亮。

焊丝熔入熔池的过程，大致可分为以下五个步骤：

1）焊枪垂直于工件，引燃电弧形成熔池，当熔池被电弧加热到呈白亮，并发生流动现象时，就要准备送入焊丝。

2）焊枪稍向后移，并倾斜 $10°\sim15°$。

3）向熔池前方内侧边缘，约为熔池的 1/3 处送入焊丝末端，靠熔池的热量将焊丝熔入，不能像气焊一样搅拌熔池。

4）抽回焊丝，但末端并不离开气体保护区，与熔池前沿保持如分似离的状态，准备再次加入焊丝。

5）焊枪前移至熔池前沿，形成一个新的熔池。

（2）焊丝的填充位置

1）外填丝法。即电弧在管壁（板）外侧燃烧，从坡口一侧添加焊丝的操作方法，如图 1-33a 所示。管子坡口间隙要随焊丝的直径、管径的大小、管壁的厚度而定。对于大直径管道（管径≥200mm、厚度≥18mm），坡口间隙应稍大于焊丝直径。

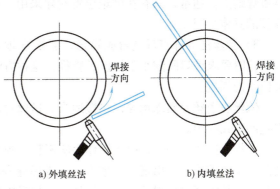

a) 外填丝法　　　　　　b) 内填丝法

图 1-33　填丝位置

焊接过程中，焊丝连续地送入熔池，稍做横向摆动，这样可适当地多填些焊丝，在保证坡口两侧熔合良好的情况下，使焊缝具有一定的厚度。对于小直径薄壁管，间隙一般要求小于或等于焊丝直径，焊丝在坡口中沿管壁送给，不做横向摆动。焊速稍快，焊缝不必太厚，采用断续和连续送丝均可。

① 断续送丝法。断续送丝有时也称点滴送入，是靠手的反复送拉动作，将焊丝端头的熔滴送入熔池，熔化后将焊丝拉回，退出熔池，但不离开气体保护区。焊丝拉回时，靠电弧吹力将熔池表面的氧化膜除掉。

这种方法适用于各种接头，特别是装配间隙小、有垫板的薄板焊缝或角接焊缝，焊缝表面呈清晰均匀的鱼鳞状。

断续送丝法容易掌握，适合初学者练习。但只适用于小电流、慢焊速、表面波纹粗的焊道。当间隙过大或电流不适合时，采用断续送丝法难以控制焊接熔池，背面还容易产生凹陷。

② 连续送丝法。即将焊丝端头插入熔池，利用手指交替移动，连续送入焊丝，并随着电弧向前不断移动，逐渐形成熔池。

这种方法与自动焊的送丝法相类似，其特点是电流大、焊速快、波纹细、成形美观；但需手指连续稳定地交替移动焊丝，需要熟练的送丝技能。采用连续送丝法焊接间隙较大的工件时，可以在快速加丝时也不产生凸瘤；仰焊时不产生凹陷，焊接质量好、速度快。

2）内填丝法。内填丝法即电弧在管壁外侧燃烧，焊丝从坡口间隙伸入管内，并向熔池送入的操作方法，如图 1-33b 所示。焊接过程中，要求焊接坡口间隙始终大于焊丝直径 0.5~1.0mm，否则会造成卡丝现象，影响焊接的顺利进行。为防止间隙缩小，应采用相应的措施，如刚性固定法、合理地安排焊接顺序、加大间隙等。

外填丝法与内填丝法相比，由于前者间隙小，所以焊接速度快，填充金属少，操作者容易掌握；后者适合于操作困难的焊接位置。输油管道有时要求采用内填丝法。因为这种方法只要焊枪能达到，无论什么困难的焊接位置，都可以施焊，而且对坡口要求不十分严格，即使在局部间隙不均匀或少量错边的情况下，也能得到质量较满意的焊缝。由于操作者从间隙中可直接观察到焊道的成形，故可保证焊缝根部熔透良好。外填丝法的最大优点是能预防仰焊部位的凹陷。

作为氩弧焊工，应掌握这两种基本操作技术，以便在不同的焊接部位，根据实际情况进行应用。一般选择的原则是：凡焊接操作的空间开阔、送丝没有障碍、视线不受影响的管道焊接，宜采用外填丝法；反之，则宜采用内填丝法。在实际应用中，内填丝法也不可能用在整条焊缝上。通常，只有在困难位置时才采用。内、外填丝的操作方法应相互结合使用，视焊接的具体情况而定。

3）依丝法。即将焊丝弯成弧形，紧贴在坡口间隙处，电弧同时熔化坡口的钝边和焊丝。这时要求坡口间隙小于焊丝的直径。这种方法可避免焊丝遮住操作者的视线，适合于困难位置的焊接。

依丝法送丝要熟练均匀，快慢适当。送丝过快时，焊缝堆积过高；送丝过慢时，会产生焊缝凹陷或咬边。

在焊接操作过程中，由于操作手法不稳，焊丝与钨极相碰，会造成瞬间短路，发生打钨现象，熔池被炸开，出现一片烟雾，造成焊缝表面污染和内部夹钨，破坏电弧的稳定燃烧。此时，必须立即停止焊接，再进行处理。将污染处用角向磨光机打磨干净，露出光亮的金属光泽。被污染的钨极应在引弧板上引燃电弧，熔化掉钨极表面的氧化物，使电弧光照射的斑痕光亮无黑色，熔池清晰，方可继续进行焊接。采用直流电源焊接时，发生打钨现象后，应重新修磨钨极端头。

（3）焊丝的续进手法　焊丝的加入方式和熟练程度与保证焊缝成形有很大关系。通常，按照手持的方式，可分为指续法和手动法两种。

1）指续法。这种方法应用于 500mm 以上较长焊缝的焊接。操作方法是将焊丝夹持在大拇指与食指、中指的中间，靠中指和无名指起撑托和导轨作用；大拇指捻动焊丝向前移动，同时食指往后移动，然后大拇指迅速地返回到食指的地方，大拇指再捻动焊丝向前移动，如此反复动作，将焊丝不断送入熔池中；也有的是将焊丝夹在大拇指、中指和食指、无名指中间，焊丝靠大拇指、食指同时往统一方向移动，将焊丝送入熔池中，而中指和无名指起撑托和夹持焊丝的作用。在长焊缝和环形焊缝焊接时，采用指续法最好使用焊丝架，将焊丝支撑住，以方便操作。

2）手动法。其操作方法是：焊丝夹在大拇指与食指、中指的中间，手指不动，只起到夹持作用，靠手或小臂沿焊缝前后移动，手腕上、下反复动作，将焊丝送入熔池中。手动法加丝时，按焊丝加入熔池的方式可分为四种，如图 1-34 所示。

① 压入法。即拿焊丝的手稍向下用力，使焊丝末端紧靠在熔池边缘上。适合于焊接 500mm 以上的长焊缝。因为手拿的焊丝比较长，焊丝端头不易稳定，常发生摆动、抖动，造成填丝困难，此时可采用压入法。氩弧焊工长时间不操作，填丝不熟练时，也可采用此法。

② 续入法。即将焊丝末端伸入熔池中，手往前移动，把焊丝连续和断续加入熔池中。此法适用于较细的焊丝及焊加强焊缝和对接间隙大的焊件，但一般操作不当，将导致焊缝成形不良，故对质量要求高的焊缝尽量不采用。

③ 点移法。此法是以手腕上下反复动作和手往后慢慢移动，将焊丝加入熔池中。这种方法常用于减薄形焊缝的操作。

④ 点滴法。这是最常用的一种方法，焊丝靠手的上下反复点入动作，将熔滴滴入熔池中。

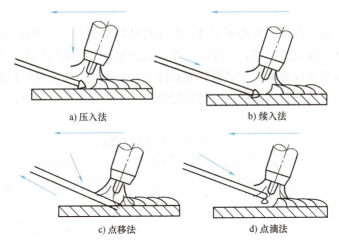

a) 压入法　　　　　　b) 续入法

c) 点移法　　　　　　d) 点滴法

图 1-34　焊丝加入熔池的方式示意图

采用点移法和点滴法添加焊丝，能避免和减少非金属夹渣的产生。这是因为拿焊丝的手做上下往复动作，当焊丝抬起时，靠电弧的作用，可将熔池表面的氧化膜排除掉，因而可防止产生非金属夹渣。同时，焊丝添加在熔池前部边缘，有利于排除或减少气孔的产生。所以这两种方法应用比较广泛。

焊丝的加入动作要熟练、均匀，如加入得过快，焊缝容易堆积，氧化膜难以排除，容易产生夹渣；如果加入得过慢，焊缝易出现凹陷、咬边现象。为了防止焊丝端头氧化，焊丝端头应始终处在氩气保护范围内。

4. 焊枪、焊丝、工件之间的相对位置

采用手工钨极氩弧焊时，为了保证焊接质量，焊枪、焊丝、工件之间要保持一定的相对位置。对于对接接头，三者之间的相对位置如图 1-35 所示。对于 T 形接头，相对位置如图 1-36 所示。

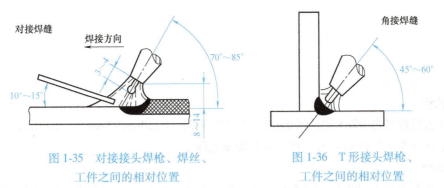

图 1-35　对接接头焊枪、焊丝、
工件之间的相对位置

图 1-36　T 形接头焊枪、
工件之间的相对位置

5. 接头

焊接时，一条焊缝最好一次焊完，中间不停顿。当焊接长焊缝或中间更换焊丝、修磨钨极必须停弧时，重新起弧要在重叠焊缝 20~30mm 处引弧，要注意熔池熔透，再向前进行焊接。重叠处不要加焊丝或少加焊丝，以保证焊缝的宽度一致；到了原熄弧点处，再加入适量焊丝，进行正常焊接。

6. 收弧

焊接结束时，由于收弧的方法不正确，在焊缝结尾处容易产生弧坑和弧坑裂纹、气孔、烧穿等缺陷。因此，在正式焊接直焊缝时，常采用引出板。将弧坑引出到引出板上，然后再熄弧。在没有引出板又没有电流衰减装置的条件下，收弧时，不要突然拉断电弧，应往熔池内多填入一些焊丝，填满弧坑，然后缓慢提起电弧。若还存在弧坑缺陷，可重复上述的收弧动作。

为了确保焊缝收尾处的质量，可以采取以下几种收弧方法：

1）利用焊枪手柄上的按钮开关，断续送停电的方法使弧坑填满。

2）可在焊机的焊接电流调节电位器上，接出一个脚踏开关，在收弧时迅速断开开关，达到衰减电流的目的。

3）当焊接电源采用交流电源时，可控制调节铁心间隙的电动机，达到电流衰减的目的。

4）使用带有电流衰减装置的焊机时，先将熔池填满，然后按动电流衰减按钮，使焊接电流逐渐减小，最后熄灭电弧。

7. 控制熔池温度

控制熔池大小，就是控制焊接温度，焊接温度对焊接质量的影响很大。各种焊接缺陷的产生，都是由于焊接温度控制不当造成的。例如热裂纹、咬边、弧坑裂纹、凹陷、元素的烧损、焊瘤等，是因为焊接温度过高产生的；冷裂纹、气孔、夹渣、未焊透、未熔合等，都是由于焊接温度不足而产生的。

在焊接热循环中，有两个重要的参数：一个是层间温度（含焊接的起始温度）；另一个是热输入，在焊接电流与电弧电压调定的情况下，控制焊接速度是最方便、容易的方法。有时也要调整焊枪的角度。正常焊接时，熔池的平面视图应为鸭蛋圆形，短轴为钨极直径的 2~2.5 倍。两侧母材熔入 1~1.5mm。电弧中心约在熔池的 1/3 处，也是温度最高的地方，焊丝即在此处添加。

任务实施（钨极氩弧焊平敷焊）

一、焊前准备

1. 试件

试件选用牌号为 Q235 的低碳钢板，尺寸为 300mm×150mm×6mm，一块，用砂轮机或锉刀清理试板表面的铁锈和油污，直至露出金属光泽。

2. 焊材

焊材选用牌号为 H08A 的低碳钢焊丝，直径为 $\phi2.5mm$，用砂布清理焊丝表面的铁锈和油污。

3. 钨极

选用铈钨极，直径为 $\phi2.4mm$。

4. 保护气体

纯度≥99.7%（体积分数）的氩气。

5. 工具

砂轮机、锉刀、钢丝刷、防护服、劳保鞋、氩弧焊手套、头罩。

二、焊接操作

1）制备钨极端头。采用砂轮机打磨的方法将钨极端部打磨成锐锥形，如图1-37所示。打磨时，应使钨极处于纵向（图1-38a），不应采用横向打磨（图1-38b）。

注意：钨极两端都可以打磨。打磨好的钨极尖锐，切勿对准自己和他人！

2）开启焊机气阀、电源开关，检查气路和电路，若无异常进行下一步工作。

3）调整焊接参数。按照表1-21调整焊接参数。

图1-37　锐锥形钨极端部

a) 钨极处于纵向

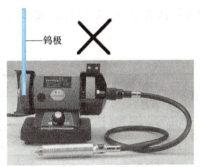

b) 钨极处于横向

图1-38　钨极打磨示意图

表1-21　平敷焊的焊接参数

焊丝牌号	焊丝直径/mm	钨极直径/mm	钨极伸出长度/mm	焊接电流/A	氩气流量/（L/min）
H08A	2.5	2.4	3～5	80～90	8～10

4）引弧。采用击穿法引弧（非接触式引弧），手握焊枪，使焊枪垂直于工件，钨极距离工件3～5mm，按动手把上的开关，接通电源，在高频或高压脉冲作用下，击穿电极与工件之间的间隙而放电，使保护气体发生电离形成离子流，从而引燃电弧。

5）运弧。引弧完成之后，不能立即送丝，应等待熔池被电弧加热到呈白亮，发生流动现象时，焊枪稍向后移，并倾斜10°～20°，再送入焊丝。运弧可采用两种方式进行。

① 直线运弧：采用直线均匀移动，焊枪沿焊缝做直线、平稳、匀速移动。

② 横向摆动：采用圆弧之字形摆动，焊枪的横向摆动过程是划半圆，呈类似圆弧之字形向前移动。摆动时，注意在两边要停顿片刻。

6）接头。重新起弧要在重叠焊缝20～30mm处引弧，要注意熔池熔透，再向前进行焊

非接触法引弧操作微课

直线运弧操作微课

接。重叠处不要加焊丝或少加焊丝，以保证焊缝的宽度一致；到了原熄弧点处，再加入适量焊丝，进行正常焊接。

7）收弧。利用焊枪手柄上的按钮开关，断续送停电的方法使弧坑填满。熄弧后不能立即抬起焊枪，需等待几秒钟，待熔池温度降低后方可移走焊枪。

注意：熄弧后，焊机不会立即停止送气，而是会自动延时几秒钟停气，以防止金属在高温下被氧化。

横向摆动操作微课　　　接头操作微课　　　收弧操作微课

三、焊后质量检验

钨极氩弧焊平敷焊焊缝外观成形应整齐，余高合适，无焊瘤、裂纹等缺陷，具体要求见表1-22。

表1-22　钨极氩弧焊平敷焊评分标准（满分50分）

检查项目	评判标准及得分	评判等级				测评数据	实得分数
		I	II	III	IV		
焊缝余高	尺寸标准/mm	0~2	>2~3	>3~4	<0或>4		
	得分标准	7分	4分	2分	0分		
焊缝高度差	尺寸标准/mm	≤1	>1~2	>2~3	>3		
	得分标准	7分	4分	2分	0分		
焊缝宽度	尺寸标准/mm	5~7	>7~8	>9~10	<5或>10		
	得分标准	7分	4分	2分	0分		
焊缝宽度差	尺寸标准/mm	≤1.5	>1.5~2	>2~3	>3		
	得分标准	7分	4分	2分	0分		
咬边	尺寸标准/mm	无咬边		深度≤0.5	深度>0.5		
	得分标准	7分		每2mm扣1分	0分		
正面成形	标准	优	良	中	差		
	得分标准	7分	4分	2分	0分		
直线度	尺寸标准/mm	0~1	>1~2	>2~3	>3		
	得分标准	8分	5分	2分	0分		
外观缺陷记录							

焊缝外观成形评判标准[1]

优	良	中	差
成形美观，焊缝均匀、细密，高低宽窄一致	成形较好，焊缝均匀、平整	成形尚可，焊缝平直	焊缝弯曲，高低、宽窄明显不均

[1] 焊缝有裂纹、夹渣、气孔、未熔合等缺陷或出现焊件修补、未完成，该项作0分处理。

四、常见缺陷及防止措施

钨极氩弧焊平敷焊常见的缺陷及防止措施见表1-23。

表 1-23　钨极氩弧焊平敷焊常见的缺陷及防止措施

缺陷名称	产生原因	防止措施
气孔	母材上有油、锈等污物	焊前用化学或机械方法清理工件
	气体保护效果差	勿使喷嘴过高；勿使焊速过大；采用合格的惰性气体
	焊枪摆动速度不均匀	摆动速度均匀
夹钨	接触引弧所致	采用自动引弧装置
	钨极熔化	采用较小电流和较粗的钨极；勿使钨极伸出长度过大
	错用了氧化性气体	更换为惰性气体
	焊丝触及热钨极的尖端	熟练操作，勿使焊丝与钨极相接触
电弧不稳	母材被污染	焊前仔细清理母材
	电极被污染	磨去电极上被污染的部分
	钨极太粗	选用直径适宜的钨极
	钨极端部形状不合理	重新修磨钨极端部
	电弧太长	适当压低喷嘴，缩短电弧
电极烧损严重	采用了反极性接法	采用较粗的钨极或改为正极性接法
	气体保护不良	加强保护，即加大气体流量；压低喷嘴；减小焊速；清理喷嘴
	钨极直径与所用电流值不匹配	采用较粗的钨极或较小的电流

任务 3　6mm 低碳钢板平对接打底层焊接

学习目标

1. 掌握钨极氩弧焊坡口类型及适用场合。
2. 掌握坡口清理的方法。
3. 掌握板材焊接的位置及代号。
4. 掌握钨极氩弧焊焊接参数选择的原则。
5. 掌握 V 形坡口平对接打底层焊接参数。
6. 掌握钨极氩弧焊 V 形坡口平对接打底层焊接操作要领。
7. 能够正确进行平板工件和焊丝的焊前清理。
8. 能够正确进行工件的装配与定位焊。
9. 能够进行钨极氩弧焊 V 形坡口平对接打底层焊接。

必备知识

一、焊接接头的类型

焊接接头的基本类型有对接接头、搭接接头、角接接头、T 形接头四种，如图 1-39 所示。

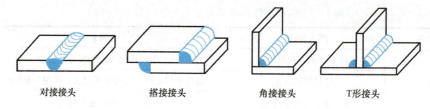

| 对接接头 | 搭接接头 | 角接接头 | T形接头 |

图 1-39 焊接接头的基本类型

二、钨极氩弧焊坡口设计

焊接坡口一般是根据焊件厚度情况而定的。常见的焊接坡口形式和尺寸有如下几种。

1. 对接接头及坡口

对接接头坡口基本形式见表 1-24。

表 1-24 对接接头坡口基本形式

母材厚度 t/mm	坡口种类	横截面示意图	坡口角度 α 或坡口面角度 β	间隙 b/mm	钝边 c/mm
≤2	卷边坡口		—	—	—
≤4	I 形坡口		—	≈t	—
3<t≤10	V 形坡口		40°≤α≤60°	≤4	≤2
5≤t≤40	带钝边 V 形坡口		α≈60°	1~4	2~4
>10	双 V 形坡口		α≈60°	1~3	≤2

（续）

母材厚度 t/mm	坡口种类	横截面示意图	坡口角度 α 或坡口面角度 β	间隙 b/mm	钝边 c/mm
>10	带钝边双 V 形坡口		$\alpha \approx 60°$	1~4	2~6
>10	非对称双 V 形坡口		$\alpha_1 \approx 60°$ $\alpha_2 \approx 60°$	1~3	≤2
>12	U 形坡口		$8° \leqslant \beta \leqslant 12°$	≤4	≤3
>12	U-V 形组合坡口		$60° \leqslant \alpha \leqslant 90°$ $8° \leqslant \beta \leqslant 12°$	1~3	—
>12	V-V 形组合坡口		$60° \leqslant \alpha \leqslant 90°$ $10° \leqslant \beta \leqslant 15°$	2~4	>2
≥30	双 U 形坡口		$8° \leqslant \beta \leqslant 12°$	≤3	≈3

2. T 形接头及坡口

T 形接头在钢结构件中应用广泛，按板厚可选择不开坡口、单边 V 形坡口、K 形坡口和双边 U 形坡口等形式。

T 形接头作为连接焊缝时，钢板厚度为 2~30mm 时，可不开坡口，省略了坡口加工准备。若 T 形接头的焊缝有承受载荷要求时，应按钢板的厚度及结构形式，选用 V 形、K 形或双边 U 形坡口，其坡口形式如图 1-40 所示。

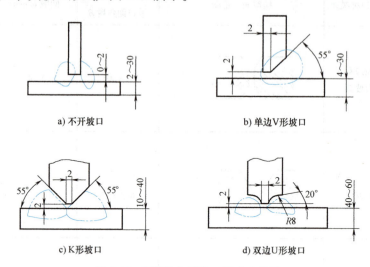

a) 不开坡口   b) 单边V形坡口

c) K形坡口   d) 双边U形坡口

图 1-40　T 形接头及坡口形式示意图

3. 角接接头及坡口

角接接头的坡口形式如图 1-41 所示。

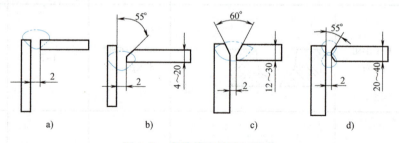

a)   b)   c)   d)

图 1-41　角接接头的坡口形式

角接接头只能用在不重要的焊接结构中，所以不论开坡口与否，一般都很少选用。

三、坡口清理方法

钨极氩弧焊（GTAW）对污染非常敏感，所以焊前对母材坡口及附近和焊丝表面必须彻底地清理。焊丝及工件表面不允许有油污、水分、灰尘、镀层和氧化膜等。清理的方法要因材料而异，主要有机械清理法和化学清理法或两种方法组合使用。

机械清理法较简单、灵活，且效果很好，主要是采用磨削和砂轮机打磨。如不锈钢可用砂布打磨，铝及铝合金可采用钢丝刷、电动钢丝轮和刮（铣）刀。钢丝轮（刷）应采用直径小于 0.15mm 的不锈钢丝或直径小于 0.10mm 的铜丝。普通钢丝容易生锈，会重新污染已经清理过的部位。钢丝轮的直径以 150mm 为宜。刮刀有电动或气动两种，用来清理铝合金行之有效；而采用锉刀则不能彻底清除。

清理前必须首先将表面的油污和灰尘去除，否则达不到理想的效果；机械清理后要用丙酮去除油污。机械清理多用于母材和层间的清理。

化学清理有酸洗和碱洗两种，主要用于有色金属的焊丝和较小的工件。这种方法对大工件不太方便。酸浸洗表面法只适用于轻度氧化的工件。

对于大工件，不能浸洗彻底，尚须用机械方法再清理一次焊接坡口边缘。

清洗后的焊丝应戴着洁净无油的手套取用。清洗过的焊丝和工件，应在 8h 内焊接和使用，否则会产生新的氧化膜，需要重新进行清理才可使用。

1. 结构钢的酸洗

结构钢酸洗时的酸洗液为 HCl 50%（体积分数）+水 50%（体积分数），酸洗至露出金属光泽，接着在铬酸中除污并在冷水中冲洗。

轻度的锈蚀可用机械法清理，必要时，用丙酮擦拭并用热风去除湿气。

2. 铝及铝合金的化学清理

钨极氩弧焊焊接铝及铝合金时，对工件及焊丝的表面清洗直接影响接头质量和焊接过程的顺利进行。铝镁合金的清洗更为严格，因为铝镁合金在焊接过程中对气孔的敏感性更强。

化学清理过程如下：

1）用汽油、丙酮或四氯化碳去除油污、灰尘；用清洗液（工业磷酸三钠 40~50g、碳酸钠 40~50g、水玻璃 20~30g、水 1L）在 60~70℃浸洗 5~8min，再用 50~60℃的热水和冷水分别冲洗各 2min。

2）用烧碱去除氧化膜。将除去油污和灰尘的工件、焊丝浸在 10%~15%（质量分数）的氢氧化钠溶液中，温度为 60~70℃，浸后产生大量的气泡，并形成一层灰黑色薄膜，时间不要过长，否则会产生表面麻点；然后用净水（最好用温水）将碱液冲掉。

3）进入光化工序。所谓光化，就是将经过碱液浸洗的工件、焊丝浸入 30%~50%（质量分数）的硝酸溶液中，黑色薄膜与硝酸迅速作用，使工件、焊丝变成金黄色且较光亮。光化后用水（最好是 50℃左右）冲洗干净，洗后呈乳白色，表面光滑。

4）清洗后干燥。吹干或晒干均可，但最高温度不宜超过 100℃。

铝及铝合金化学清洗的工序可参照表 1-25。

表 1-25 铝及铝合金化学清洗的工序

材料		碱洗			冲洗	光化			冲洗	干燥
		NaOH（质量分数,%）	温度/℃	时间/min		HNO₃（质量分数,%）	温度/℃	时间/min		
纯铝	方法 1	10~20	室温	10~20	冷净水	30	室温	2~4	冷净水	在 100℃以下烘干或晒干；或用无油空气吹干
	方法 2	5~10	40~50	2~4		30		2~4		
铝合金	方法 1	20~30	室温	10~15		30		2~4		
	方法 2	10~15	50~60	4~8		30		2~4		

3. 镁合金的化学清洗

镁合金的化学清洗工序可参照表 1-26 进行，也可采用质量分数为 20%~25%的硝酸溶液进行表面腐蚀 1~2min，然后用 70~90℃的热水冲洗，再进行干燥或吹干。

表1-26 镁合金的化学清洗工序

工序内容	液体成分/(g/L)	温度/℃	时间/min
除油	NaOH：25	60~90	5~15 工件在液体中抖动
	Na$_3$PO$_4$：40~60		
	Na$_2$SiO$_3$：20~30		
热水冲		50~90	2~3
流动冷水冲		室温	2~3
槽液中腐蚀	NaOH：350~450	70~80	2~3
	H$_3$PO$_4$：≤0.4	60~65	5~6
热水冲		50~90	2~3
冷水冲		室温	2~3
铬酸中和	CrO$_3$：150~350	室温	2~3
	H$_3$PO$_4$：≤0.4	室温	2~3
热水冲		50~90	2~3
冷水冲		室温	2~3
压缩空气吹干		室温	吹干为止

4. 钛及钛合金的化学清洗

钛表面的氧化物可在盐浴中或通过喷砂去除，然后酸洗清理。酸洗液配方（体积分数）：20%~47%HCl、2%~4%HF、热水（余量）27~71℃，浸洗10~20min。也可在室温下酸洗10min，然后用清水冲净、烘干，使用时再用丙酮或酒精清理，酸洗液配方：30mL HCl、50mL HNO$_3$和30gNaF配制成1000mL水溶液，或（体积分数）2%~4%HF+30%~40%HNO$_3$+余量的水。

5. 锆合金的化学清洗

除用辅助工具及多层焊中的层间清理外，母材与焊丝等要求按表1-27进行清洗。

表1-27 锆合金化学清洗工序

要求	工 序				
	碱洗除油	水洗	酸洗除氧化物	水洗	干燥
介质浓度	NaOH：10%~20%（质量分数）	自来水	HNO$_3$：45%，HF：5%，水：50%（体积分数）	自来水	丙酮或酒精脱水后在真空箱中烘干
温度	煮沸	室温	室温	室温	
时间/min	10	3	至正面光亮为止	3	

6. 镍基合金和不锈钢的酸洗钝化

对于镍基合金和铬镍奥氏体不锈钢，通过酸洗（将体积分数为5%~20%的HNO$_3$、0.5%~2%的HF溶于水中制成酸洗液，5~30min，54~71℃）去掉喷砂残留物和其他污染杂物。酸洗液配方可参见表1-28。

表 1-28 酸洗液配方

配方	HF (体积分数,%)	HNO₃ (体积分数,%)	HCl (体积分数,%)	H₂SO₄ (体积分数,%)	水 (体积分数,%)	效果
1		5	25	5	65	HCl 有味，黑皮去除慢
2	30	20			50	HF 有毒，黑皮去除快
3		5	40	10	45	涂抹焊缝，15min 后清洗
4				40	60	涂抹焊缝，15~20min 后清洗
5		15~20、35			80~85、65	两次后冲洗，后者需 3min
6	3 份 HCl+1 份 HNO₃+0.5 份 H₂SO₄，配成混合酸，取 1 份混合酸与 4 份酸性白土调成酸洗膏，涂在焊缝上，15min 后冲洗					

为清除表面氧化皮、锈斑、焊缝及附近的污物，获得清洁光亮的表面，从而有利于钝化薄膜的形成，提高耐蚀性能，应进行酸洗钝化处理。

酸洗钝化处理的配方及处理时间按表 1-29 进行。

酸洗钝化处理的工序流程为：去油并清洗干净（必要时可用碱洗溶液去油）→酸洗（小件可浸入酸液中，大件可擦洗）→冷水冲洗→中和→冷水冲洗→干燥。

表 1-29 酸洗钝化处理的配方及处理时间

名称	HNO₃ (体积分数)	HCl (体积分数)	NaF (体积分数)	K₂Cr₂O₇ (体积分数)	水	温度	时间/min
酸洗液	20%	2%	2%	—	余量	室温	60~120
钝化液	25%	—	—	2%	余量	室温	60

四、焊接位置

焊缝位置基本上由试件位置决定。试件类别、位置及代号见表 1-30。

表 1-30 试件类别、位置及代号

试件类别	试件位置		代号
板材对接焊缝试件	平焊		1G
	横焊		2G
	立焊		3G
	仰焊		4G
板材角焊缝试件	平焊		1F
	横焊		2F
	立焊		3F
	仰焊		4F
管材对接焊缝试件	水平转动		1G（转动）
	垂直固定		2G
	水平固定	向上焊	5G
		向下焊	5GX（向下焊）
	45°固定	向上焊	6G
		向下焊	6GX（向下焊）

（续）

试件类别	试件位置	代号
管材角焊缝试件 （分管-板角焊缝试件和 管-管角焊缝试件两种）	45°转动	1F（转动）
	垂直固定横焊	2F
	水平转动	2FR（转动）
	垂直固定仰焊	4F
	水平固定	5F
管板角接头试件	水平转动	2FRG（转动）
	垂直固定平焊	2FG
	垂直固定仰焊	4FG
	水平固定	5FG
	45°固定	6FG
螺柱焊试件	平焊	1S
	横焊	2S
	仰焊	4S

其中板材的焊接位置如图1-42、图1-43所示。

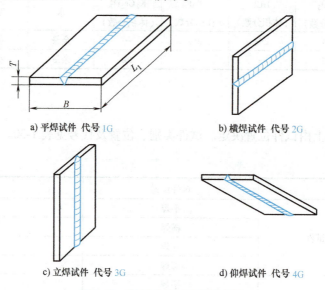

a) 平焊试件 代号 1G b) 横焊试件 代号 2G

c) 立焊试件 代号 3G d) 仰焊试件 代号 4G

图1-42 板材对接时的焊接位置

五、钨极氩弧焊焊接参数的选择

手工钨极氩弧焊焊接参数包括：焊接电流、氩气流量、钨极直径、喷嘴口径、焊丝直径、焊接层次、焊接顺序、焊接速度和预热温度等。正确选择每一项参数，是保证获得优良接头的基本条件之一。

焊接规范的确定与许多条件有关，例如工件的大小与厚薄、产品结构特点（形状、材料性能）、焊工的熟练程度及操作习惯等。

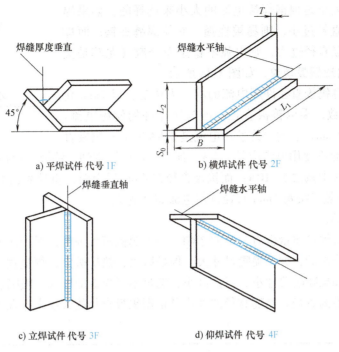

a) 平焊试件 代号 1F

b) 横焊试件 代号 2F

c) 立焊试件 代号 3F

d) 仰焊试件 代号 4F

图 1-43 板材角接时的焊接位置

1. 焊接电流

焊接电流是焊接的基本参数。焊接电流太小时，不易焊透，焊道成形不好，易产生夹渣和气孔；由于电流小而焊接速度慢，热影响区大，造成氩气浪费过大。焊接电流太大时，焊肉下凹，焊缝余高不够，焊接区温度高，极易出现焊道表面有麻面和焊缝咬肉，甚至焊缝产生裂纹，焊缝背面易产生焊瘤和焊透过多的现象。

选择焊接电流的依据是工件的材质和性能、焊接电流的种类和极性、工件的厚度和坡口形式、焊缝空间位置等。铜焊件的焊接电流比钢焊件的大，直流正接的电流比直流反接的大，厚焊件的电流比薄焊件的大，平焊的电流比非平焊的大。

2. 电弧电压

电弧电压是由电弧长度决定的，电弧拉长，电弧电压升高，焊缝的熔宽增大。电弧电压太高时，保护效果差，且易引起咬边及未焊透缺陷；电弧电压太低时，即弧长太短，焊工观察电弧困难，且加送焊丝时易碰到钨极，引起短路，钨极烧损，产生夹钨缺陷。合适的电弧长度近似等于钨极直径，手工钨极氩弧焊的电弧电压为 10~20V。

3. 焊接速度

焊接速度增大，则熔池体积减小，熔深和熔宽减小。焊接速度太快，则气体保护效果变差，还易产生未焊透缺陷，焊缝窄而不均；焊接速度太慢，则焊缝宽大，易产生烧穿等缺陷。手工钨极氩弧焊时，应根据熔池形状和大小、坡口两侧熔合情况随时调整焊接速度。

4. 钨极直径

正确选取钨极直径，可以最充分地使用限额电流，以满足工艺上的要求并减少钨极的烧损。

钨极直径的大小是根据焊接电流的大小来选择的，如果焊接电流大，钨极直径过小，则易被烧损，并使焊缝夹钨；而焊接电流较小，钨极直径过大，则电弧不稳定而分散（尤其是交流焊接时），会出现偏弧现象，如图1-44所示。

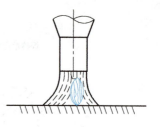

图1-44 偏弧现象

根据经验计算钨极直径许用电流的简单方法是：以1mm允许电流55A为基数，乘以钨极直径，即为所允许的使用电流。如果钨极直径是5mm，它的允许使用电流是275A左右；钨极直径是2mm，它的允许使用电流应是110A。计算时还应注意到：钨极直径在3mm以下时，要从计算出的总电流中减去5~10A；而钨极直径在4mm以上时，将计算出的总电流加上10~15A；纯钨极的基数可按每1mm直径许用电流50A选取。

5. 喷嘴的选择

喷嘴的大小对焊接质量也有一定的影响。手工钨极氩弧焊时，保护区的大小在一定的范围内是靠喷嘴来控制的，如果喷嘴尺寸大，保护区大，热扩散大，焊缝宽，浪费氩气，焊接速度也比较慢；如果喷嘴尺寸小，保护区小，满足不了焊缝的要求，喷嘴也容易烧损，因此要合理地选择喷嘴的直径。喷嘴直径的大小是根据钨极直径的大小来选取的，见表1-31。

表1-31 钨极直径与喷嘴直径的配用关系 （单位：mm）

钨极直径	1.5	2.0	3.0	4.0	5.0	6.0
喷嘴直径	5~7	6~8	10~12	12~14	14~16	16~20

在选取喷嘴时，也可用经验公式计算得出，即

$$\phi = 2\phi_w + 4$$

式中　ϕ——喷嘴的直径（mm）；

　　　ϕ_w——钨极的直径（mm）。

6. 氩气流量

氩弧焊时，氩气的主要作用是保护熔池不受外界空气的侵袭，并保护钨极免受烧损、氧化。另外，氩气的纯度和消耗量也影响阴极雾化作用；直流钨极氩弧焊时氩气的纯度和流量也能影响焊接质量。

选取氩气流量的原则是：在节省氩气的前提下，能达到良好的保护效果。

氩气的流量与喷嘴直径的大小是密切相关的，它们的关系是成正比的。喷嘴直径的大小决定氩气流量的大小，而喷嘴直径大小又决定着保护区的范围和阴极雾化区的大小。因此，氩气流量也是氩弧焊焊接参数中的主要参数之一。

如果氩气流量太小，则从喷嘴喷出来的氩气流的挺度很小，气流轻飘无力，外面的空气很容易进入氩气保护区，从而减弱保护作用，并影响电弧的稳定燃烧；此时焊出的焊缝有些发黑不光亮，并有氧化膜生成。焊接过程中，可以发现有氧化膜覆盖熔池的现象，以致焊接过程不能顺利进行。

如果氩气流量过大，除了浪费氩气和对焊缝冷却过快外，也容易造成"湍流"，把外界空气卷入氩气保护区，破坏保护作用。另外，过强的氩气流量不利于焊缝成形，也会使焊缝质量降低。

手工钨极氩弧焊时，根据现场安装的条件，氩气流量的数值与喷嘴直径的数值基本上是

相符的。如喷嘴直径是 12mm，氩气流量基本上是 12L/min。使用大喷嘴或保护作用较差时，可适当增加氩气流量 1~2L/min；而喷嘴直径小，保护作用较好时，可适当减少氩气流量 1~2L/min，以获得较好的挺度。计算氩气流量可用下面的经验公式，即

$$Q = K\phi$$

式中　Q——氩气流量（L/min）；

　　　　ϕ——喷嘴直径（mm）；

　　　　K——系数，$K = 0.8 \sim 1.2$，使用大喷嘴时，K 可取上限；使用小喷嘴时，K 可取下限。

在选用气体流量时，还应考虑以下几个因素。

1）焊接接头形式。T 形接头和对接接头焊接时，氩气不易流散，保护效果较好（图 1-45 a、b），流量可小一些。而进行端头角焊和端头焊时，氩气易流散，保护效果差（图 1-45c、d），可加挡板（图 1-46）和增加氩气流量。

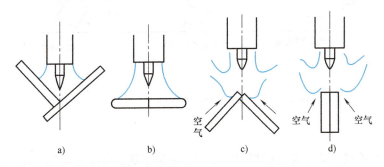

图 1-45　不同焊接接头氩气保护效果

2）电弧电压和焊接速度。电弧电压升高，即电弧拉长，则氩气保护面积增大，需要增大氩气流量。焊速加快，相当于横向有股空气流，则保护效果变差，需要增大氩气流量。

3）气流。在有风的地方焊接，需要加大氩气流量；还应该采取挡风措施，如设置挡风板、罩等。

焊接生产中，通常通过观察熔池状态和焊缝金属颜色来判断气体保护的效果。流量合适，保护效果良好时，熔池平稳，表面光亮无渣，也无氧化痕迹，焊缝成

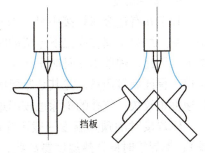

图 1-46　加挡板改善保护效果

形美观；若流量不妥，熔池表面有渣，焊缝表面发黑、发灰或有氧化皮。观察不同金属的焊缝颜色可判断气体的保护效果，见表 1-11。

7. 钨极伸出长度

钨极端头至喷嘴端面的距离，称为钨极伸出长度，如图 1-47 所示。钨极伸出可以防止电弧热烧坏喷嘴。伸出太长对气体保护不利；伸出太短，保护效果好，但妨碍焊工观察熔池。通常焊接对接焊缝时，钨极伸出长度为 4~6mm；焊接 T 形角焊缝时，钨极伸出长度为 7~10mm。

喷嘴与工件间距离可以近似地看作是钨极伸出长度加上电弧长度。这个距离越小，气体

保护条件越好，但焊工视觉范围小。

8. 焊枪倾角

钨极垂直于工件时，电弧供给熔池的热量最大，熔池呈圆形，获得的熔深最大。若钨极倾斜一个小角度，钨极和焊缝夹角大于或小于90°，则电弧加热熔池的热量减少，熔池呈蛋形，熔深减小。焊枪倾角越大，电弧加热熔池的热量减小越多，熔池呈长船形，熔深减小显著，可以避免产生烧穿缺陷。图1-48所示为焊枪不同倾角时的熔池形状和熔深。

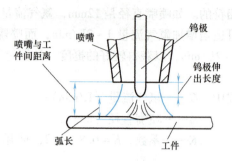

图1-47　钨极伸出长度和喷嘴与工件间距离

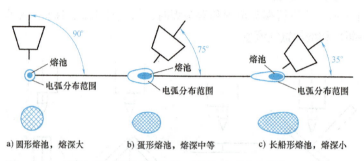

a) 圆形熔池，熔深大　　b) 蛋形熔池，熔深中等　　c) 长船形熔池，熔深小

图1-48　焊枪不同倾角时的熔池形状和熔深

焊工操作焊枪时，通常向右倾斜10°~20°，是为了观察电弧和熔池方便，而再向右倾斜较大角度，是为了减小熔深。

9. 预热温度

预热在有色金属焊接中是具有重要意义的。被焊工件温度的提高，会促使焊接速度加快，减少熔池金属在高温下停留的时间，同时又增加熔池的搅拌能力，有利于熔池中气体的排出。因此，焊前预热是防止产生气孔的一种手段，有利于提高焊接速度，减少合金元素的烧损，保证焊接质量。尤其是厚板的焊接，如不预热，不但焊接电流要增大较多，而且冷却的速度也较快，气孔的消除也较困难。

铝焊接时的预热温度一般不应超过200℃，铝管道焊接时的预热温度是50~80℃（冬季）；铜焊接时的预热温度要高些，应达500℃。预热的温度应均匀，最好从焊缝两侧的背面预热，这样焊接较方便，以免产生过厚的氧化膜。预热时可采用氧乙炔焊炬，用中性焰或较柔和的碳化焰；还可以用电阻丝加热。预热温度不要过高，温度过高时，焊时熔池过大，使金属熔液黏度降低，焊后焊缝表面易产生一层麻面，甚至会承受不了自重而下塌；即使勉强施焊，焊缝质量也很差，尤其是小容器施焊，应尽量避免预热温度过高。

预热有以下优点：

1）提高焊接速度。

2）焊接电流可适当减小，以便于操作。

3）对消除气孔有重要作用。

4）减少熔池金属在高温下的停留时间。

5）提高焊缝质量，焊缝表面成形美观。

焊接参数的选择，与焊工的熟练程度和操作习惯有关，但最主要的还是根据工件的材质、厚度、大小来选择。电流的大小确定之后，再选择钨极直径。钨极直径过大时，电弧不稳，会出现偏弧；钨极直径过小时，又会烧损钨极，使焊缝夹钨。根据钨极直径的大小再选择合适的喷嘴。若喷嘴直径过小，雾化区小，氩气保护不好，喷嘴也容易烧损；若喷嘴直径过大，雾化区大，温度扩散大，焊缝较宽，且浪费氩气，因此要合理选择。根据喷嘴的直径大小再选择合适的氩气流量，以达到良好的保护效果。

任务实施（6mm 低碳钢板平对接打底层焊接）

一、焊前准备

1. 试件

试件选用牌号为 Q235 的低碳钢板，尺寸为 300mm×150mm×6mm，两块，用半自动火焰切割设备开单边 30°±2.5°的坡口，如图 1-49 所示，用砂轮机或锉刀清理坡口两侧 20mm 内的铁锈和油污，直至露出金属光泽。为了防止烧穿，打磨 0.5～1mm 的钝边。

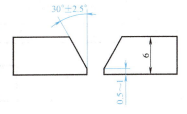

图 1-49　坡口角度和钝边

2. 焊材

焊材选用牌号为 H08A 的低碳钢焊丝，直径为 $\phi2.5$mm，用砂布清理焊丝表面的铁锈和油污。

3. 钨极

选择铈钨极，直径为 $\phi2.4$mm，钨极端部打磨成锐锥形。

4. 保护气体

纯度≥99.7%（体积分数）的氩气。

5. 工具

砂轮机、锉刀、钢丝刷、防护服、劳保鞋、氩弧焊手套、头罩。

二、焊接操作

（1）装配与定位　按照表 1-32 中的装配尺寸进行试板的装配。开启焊机气阀、电源开关，检查气路和电路。调整焊接参数，定位焊采用的焊丝和焊接参数与正式焊接时相同，见表 1-33，定位焊缝长度为 10～15mm，如图 1-50 所示，定位焊缝内侧用角磨机打磨成斜坡状。

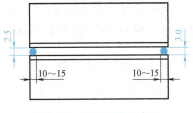

图 1-50　装配间隙示意图

定位焊结束之后，如果错边量较大，必须进行矫正，控制错边量≤0.5mm。由于 V 形坡口是单面焊，两面受热不均，因此需要做 2°～3°反变形，如图 1-51、图 1-52 所示。

表 1-32　装配尺寸

坡口角度	预留间隙/mm		钝边/mm	反变形角	错边量/mm
	始焊端	终焊端			
60°±5°	2.5	3.0	0.5～1	2°～3°	≤0.5

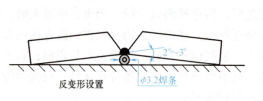

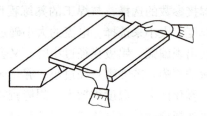

图 1-51　反变形角度　　　　　　　　图 1-52　反变形设置方法

（2）调整焊接参数　按照表 1-33 调整焊接参数，打底层焊缝截面形状如图 1-53 所示。

表 1-33　打底层焊接参数

焊接层	焊丝直径/mm	钨极直径/mm	钨极伸出长度/mm	焊接电流/A	电弧电压/V	氩气流量/（L/min）
打底层	2.5	2.4	7	90~100	14~16	8~10

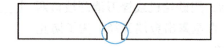

图 1-53　打底层焊缝示意图

**6mm 低碳钢板平对接
打底层焊接操作微课**

（3）打底层焊接

1）引弧。采用击穿法引弧，预先将喷嘴斜靠在坡口表面，使钨极端部与工件相隔 2~3mm，打开焊枪上的开关，电弧在高频作用下引燃。

电弧引燃后，将焊枪轻轻抬起，使电弧长度保持在 2~3mm，先对坡口根部两侧预热，待钝边熔化后，即可填充焊丝进行焊接。

打底焊时，采用左焊法，焊枪与工件和焊丝之间的夹角如图 1-35 所示。焊枪采用直线运弧法或做小幅度圆弧“之”字形摆动。

送丝采用“断续送丝法”，靠手的反复送拉动作，将焊丝端头的熔滴送入熔池中心 1/3 处（图 1-54）；熔化后将焊丝拉回，退出熔池，但不离开氩气保护区，如图 1-55 所示。

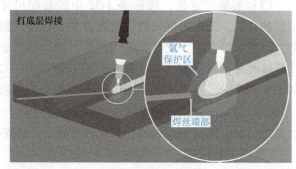

图 1-54　送丝时焊丝端部与熔池的相对位置　　　图 1-55　焊丝端部不离开氩气保护区

焊接过程中，注意保持钨极与熔池及焊丝的距离，不使钨极与焊丝、工件相接触，防止产生夹钨缺陷，或使钨极烧损。打底焊完成后，焊缝的厚度一般为 2~3mm，不能太厚，否则会影响填充层和盖面层的焊接，如图 1-56 所示。

打底层高度　　填充层高度　　盖面层高度

图 1-56　打底层高度

2）接头。接头前，首先将熔池表面的氧化物清理干净。在熔池一侧引弧，引弧后要在熔池下坡处进行预热，当熔孔周围熔化后，开始送进焊丝。

3）收弧。收弧前将焊丝送进速度稍稍加快，并把电弧向坡口任意一侧转移，填满弧坑即可。待熔池冷却呈暗红色后，再将焊枪移开，以免空气进入熔池而产生气孔和氧化。

三、操作要点总结

对于低碳钢手工钨极氩弧焊，V 形坡口对接焊缝的单面焊双面成形打底焊操作要点如下：

1）注意焊枪的角度和填丝的位置，焊接方向自右向左。

2）焊丝需深入到钝边底部，保证焊丝与坡口根部共同熔化，靠电弧吹力和熔池重力，在反面成形。

3）注意控制熔孔尺寸，保持熔孔大小一致，从而获得均匀一致的焊缝成形。

任务 4　6mm 低碳钢板平对接填充层焊接

学习目标

1. 能够选择合适的填充层焊接参数。
2. 能够正确调整焊枪角度和焊丝角度，控制焊缝高度和平整度。
3. 能够正确运弧，调整焊枪摆动方式，控制熔池及焊缝成形。

任务实施（6mm 低碳钢板平对接填充层焊接）

一、焊前准备

1. 试件

在任务 3 "6mm 低碳钢板平对接打底层焊接"中已完成打底层焊接的试件。

2. 焊材

焊材选用牌号为 H08A 的低碳钢焊丝，直径为 $\phi 2.5mm$，用砂布清理焊丝表面的铁锈和油污。

3. 钨极

采用铈钨极，直径为 $\phi 2.4mm$，钨极端部打磨成锐锥形。

4. 保护气体

纯度≥99.7%（体积分数）的氩气。

5. 工具

砂轮机、锉刀、钢丝刷、防护服、劳保鞋、氩弧焊手套、头罩。

二、焊接操作

1) 用钢丝刷清理打底层焊缝表面的氧化皮、飞溅。如果焊缝表面有凹凸不平，可用角磨机进行打磨至平整。

2) 调整焊接参数。开启焊机气阀、电源开关，检查气路和电路。按照表 1-34 调整焊接参数。填充层焊缝截面形状如图 1-57 所示。

表 1-34　填充层焊接参数

焊接层	焊丝直径/mm	钨极直径/mm	钨极伸出长度/mm	焊接电流/A	电弧电压/V	氩气流量（/L/min）
填充层	2.5	2.4	5	100~120	15~17	8~10

图 1-57　填充层焊缝示意图

6mm 低碳钢板平对接
填充层焊接操作微课

3) 填充层焊接。填充焊时，焊枪角度与打底焊时一致，焊枪采用"之"字形摆动，焊枪摆动到坡口两侧时稍作停顿，使之熔合良好。填丝速度要视焊缝表面与坡口的距离和焊接速度而定，保证熔滴均匀落入焊接熔池。

填充层焊接完成后，焊缝呈下凹状，焊缝表面与工件表面的距离为 0.5~1mm，并且不能熔化坡口两棱边，如图 1-58 所示。

4) 焊后清理。填充层焊接结束后，用钢丝刷清理焊缝表面及周围的氧化皮、飞溅。

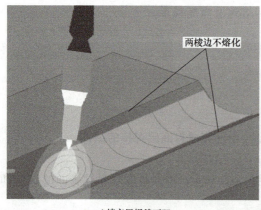

a) 填充层焊缝下凹

b) 实物图

图 1-58　填充层焊缝形状

任务 5 6mm 低碳钢板平对接盖面层焊接

学习目标

1. 掌握钨极氩弧焊 V 形坡口平对接盖面层焊接操作要领。
2. 能够选择合适的盖面层焊接参数。
3. 能够正确调整焊枪角度和焊丝角度，控制焊缝余高及直线度。
4. 能够正确运弧，调整焊枪摆动方式，控制熔池及焊缝成形。
5. 能够进行钨极氩弧焊 V 形坡口平对接盖面层焊接。

任务实施（6mm 低碳钢板平对接盖面层焊接）

一、焊前准备

1. 试件

在任务 4 "6mm 低碳钢板平对接填充层焊接"中已完成打底层和填充层焊接的试件。

2. 焊材

焊材选用牌号为 H08A 的低碳钢焊丝，直径为 $\phi2.5mm$，用砂布清理焊丝表面的铁锈和油污。

3. 钨极

选择铈钨极，直径为 $\phi2.4mm$，钨极端部打磨成锐锥形。

4. 保护气体

纯度≥99.7%（体积分数）的氩气。

5. 工具

砂轮机、锉刀、钢丝刷、防护服、劳保鞋、氩弧焊手套、头罩。

二、焊接操作

1）用钢丝刷清理填充层焊缝表面的氧化皮、飞溅。如果焊缝表面有凹凸不平，可用角磨机进行打磨至平整。

2）调整焊接参数。开启焊机气阀、电源开关，检查气路和电路。按照表 1-35 调整焊接参数。盖面层焊缝截面形状如图 1-59 所示。

表 1-35 盖面层焊接参数

焊接层	焊丝直径/mm	钨极直径/mm	钨极伸出长度/mm	焊接电流/A	电弧电压/V	氩气流量/(L/min)
盖面层	2.5	2.4	4	120~130	15~17	8~10

图 1-59 盖面层焊缝示意图

6mm 低碳钢板平对接
盖面层焊接操作微课

3）盖面层焊接。盖面层焊接时要相应加大焊接电流，焊枪角度与打底层、填充层时一致，焊枪采用"之"字形摆动，摆动幅度比填充层稍大，焊枪摆动到坡口两侧时稍作停顿，使之熔合良好。操作时，焊丝与工件间的角度尽量减小，送丝速度相对快些，并且连续均匀，熔池超过坡口棱边 0.5~1mm，根据焊缝的余高决定填丝速度，保证熔合良好，焊缝均匀平整。盖面层高度及形状如图 1-60 所示。

图 1-60　盖面层高度

4）焊后清理。盖面层焊接结束后，用钢丝刷清理焊缝表面及周围的氧化皮、飞溅。

任务 6　6mm 低碳钢板对接平焊

学习目标

1. 根据不同的情况选择合理的电源种类和极性。
2. 选择合适的焊接参数。
3. 解释阴极雾化的作用和原理。
4. 掌握低碳钢板对接焊常见的缺陷及防止措施。
5. 测量钨极氩弧焊低碳钢板平对接试样外观尺寸。

必备知识

6mmQ235 板对接平焊焊接工艺卡见表 1-36。

表 1-36　6mmQ235 板对接平焊焊接工艺卡

考试项目	Q235 板对接平焊	
项目代号	GTAW-Fe I-1G-6-FefS-02/11/12	
焊接方法	GTAW（钨极氩弧焊）	
试件材质、规格	Q235，300mm×150mm×6mm	
焊材牌号、规格	H08A，ϕ2.5mm	
保护气体及流量	氩气，8~10L/min	
焊接位置	平焊（1G）	
其他	背面无保护气	

（续）

预热		焊后热处理	
预热温度	—	温度范围	—
层间温度	≤250℃	保温时间	—
预热方式	—	其他	—

焊接参数

焊层（道）	焊接方法	焊材		焊接电流		电弧电压/V	焊接速度/(mm/min)
		型（牌）号	直径/mm	极性	电流大小/A		
1	GTAW	H08A	φ2.5	直流正接	90~100	14~16	50~60
2	GTAW	H08A	φ2.5	直流正接	100~120	15~17	50~60
3	GTAW	H08A	φ2.5	直流正接	120~130	15~17	50~60

施焊操作要领及注意事项

1）焊前准备：将坡口内、外侧20mm范围内的毛刺及油锈等污物清理干净，直至露出金属光泽，修磨坡口钝边，钝边为0.5~1mm

2）装配：坡口间隙控制为2.5~3.2mm，定位焊缝长度为10~15mm。要求焊透并且无缺陷

3）打底层焊接：在定位焊对面位置的坡口内引弧，待坡口内侧母材呈熔融状态时开始添加焊丝，焊枪移动要平稳匀速，填丝动作要轻巧熟练，施焊过程中要随位置的改变及时调整焊枪角度和焊接速度，须保证接头处开始熔化形成熔池和熔孔后才填丝焊接，以保证接头质量和背面焊缝的成形

4）填充层焊接：适当加大焊接电流和送丝速度，焊枪横向摆动，在坡口两侧稍作停留，保证坡口两侧熔合良好，焊道表面保持平整，焊缝高度应比试件表面略低，且不得熔化坡口棱边

5）盖面层焊接：加大焊枪横向摆动幅度，保证熔池两侧均超过坡口棱边0.5~1mm，送丝应及时到位，以保证焊缝余高及焊缝两侧不出现咬边

责任	姓名	资质（职称）	日期	
编制				单位盖章
审核				
批准				

任务实施（6mm低碳钢板对接平焊）

一、焊前准备

1. 试件

试件选用牌号为Q235的低碳钢板，尺寸为300mm×150mm×6mm，两块，用半自动火焰切割设备开单边30°±2.5°坡口，如图1-61所示。用砂轮机或锉刀清理坡口两侧20mm内的铁锈和油污，直至露出金属光泽。为了防止烧穿，打磨0.5~1mm的钝边。

2. 焊材

焊材选用牌号为H08A的低碳钢焊丝，直径为φ2.5mm，用砂布清理焊丝表面的铁锈和油污。

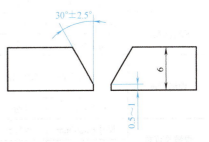

图1-61 坡口面角度和钝边

3. 钨极

选择铈钨极，直径为 $\phi2.4mm$，钨极端部打磨成锐锥形。

4. 保护气体

纯度 ≥99.7%（体积分数）的氩气。

5. 工具

砂轮机、锉刀、钢丝刷、防护服、劳保鞋、氩弧焊手套、头罩。

二、焊接操作

（1）操作前准备　开启焊机气阀、电源开关，检查气路和电路。

（2）装配与定位　按照项目一任务3中的方法和要求进行装配和定位，注意定位焊的参数要与打底层焊接参数一致。

（3）调节焊接参数　按照工艺卡的要求调节焊接参数。

（4）焊接步骤

1）打底层的焊接。在定位焊对面位置的坡口内引弧，待坡口内侧母材呈熔融状态时开始填丝，焊枪移动要平稳匀速，填丝动作要轻巧熟练，施焊过程中要随位置的改变及时调整焊枪角度和焊接速度，须保证接头处开始熔化形成熔池和熔孔后才填丝焊接，以保证接头质量和背面焊缝的成形。

2）填充层的焊接。适当加大焊接电流和送丝速度，焊枪横向摆动，在坡口两侧稍作停留，保证坡口两侧熔合良好，焊道表面保持平整，焊缝高度应比试件表面略低，且不得熔化坡口棱边。

6mm 低碳钢板平
对接焊接操作微课

3）盖面层的焊接。加大焊枪横向摆动幅度，保证熔池两侧均超过坡口棱边 0.5~1mm，送丝应及时到位，以保证焊缝余高及焊缝两侧不出现咬边。

（5）焊后清理　焊接结束后，用钢丝刷清理焊缝表面及周围的氧化皮和飞溅。

（6）焊后外观检验　按照表 1-37 进行焊后外观检验。

表 1-37　6mm 低碳钢板平对接钨极氩弧焊评分标准（满分 50 分）

检查项目	评判标准及得分	评判等级				测评数据	实得分数
		I	II	III	IV		
焊缝余高	尺寸标准/mm	0~2	>2~3	>3~4	<0 或>4		
	得分标准	5 分	3 分	1 分	0 分		
焊缝高度差	尺寸标准/mm	≤1	>1~2	>2~3	>3		
	得分标准	5 分	3 分	1 分	0 分		
焊缝宽度	尺寸标准/mm	10~12	>12~14	>14~16	<10 或 >16		
	得分标准	5 分	3 分	1 分	0 分		
焊缝宽度差	尺寸标准/mm	≤1.5	>1.5~2	>2~3	>3		
	得分标准	5 分	3 分	1 分	0 分		

检查项目	评判标准及得分	评判等级				测评数据	实得分数
		I	II	III	IV		
咬边	尺寸标准/mm	无咬边	深度≤0.5		深度>0.5		
	得分标准	8分	每2mm扣1分		0分		
正面成形	标准	优	良	中	差		
	得分标准	5分	3分	1分	0分		
背面成形	标准	优	良	中	差		
	得分标准	5分	3分	1分	0分		
背面余高	尺寸标准/mm	0~2	>2~3	>3~4	<0或>4		
	得分标准	4分	2分	1分	0分		
背面余高差	尺寸标准/mm	≤1	>1~2	>2~3	>3		
	得分标准	4分	2分	1分	0分		
直线度	尺寸标准/mm	0~1	>1~2	>2~3	>3		
	得分标准	4分	3分	1分	0分		
外观缺陷记录							

焊缝外观（正、背）成形评判标准①

优	良	中	差
成形美观，焊缝均匀、细密，高低宽窄一致	成形较好，焊缝均匀、平整	成形尚可，焊缝平直	焊缝弯曲，高低、宽窄明显不均

① 焊缝正反两面有裂纹、夹渣、气孔、未熔合等缺陷或出现焊件修补、未完成，该项作0分处理。

案例　φ60mm×5mm 低合金钢管水平转动位置的钨极氩弧焊

学习目标

1. 正确选择低合金钢管水平转动焊接参数。
2. 掌握低合金钢管水平转动焊接操作要领。
3. 掌握低合金钢管水平转动焊接常见缺陷及防止措施。

必备知识

φ60mm×5mm Q345管水平转动位置的钨极氩弧焊工艺卡见表1-38。

表 1-38　Q345 管水平转动位置的钨极氩弧焊工艺卡

考试项目	Q345 管对接水平转动焊接		
项目代号	GTAW-FeⅡ-1G-5/60-FefS-02/11/12	考试标准	TSG Z6002—2010
焊接方法	GTAW（钨极氩弧焊）		
试件材质、规格	Q345，ϕ60mm×5mm×100mm		
焊材牌号、规格	H10MnSi，ϕ2.5mm		
保护气体及流量	氩气，8~10L/min		
焊接接头	管-管对接接头，开坡口		
焊接位置	平焊（1G）		
其他	背面无保护气		
预热温度	—	温度范围	—
层间温度	≤250℃	保温时间	
预热方式	—	其他	

焊接参数

焊层（道）	焊接方法	焊材		焊接电流		电弧电压/V	焊接速度/（mm/min）
		型（牌）号	直径/mm	极性	电流大小/A		
1	GTAW	H10MnSi	ϕ2.5	直流正接	90~95	15~17	50~60
2	GTAW	H10MnSi	ϕ2.5	直流正接	100~110	15~17	50~60
3	GTAW	H10MnSi	ϕ2.5	直流正接	110~120	15~17	50~60

施焊操作要领及注意事项

1）焊前准备：将坡口内、外侧 20mm 范围内的毛刺及油污、铁锈等清理干净，直至露出金属光泽，修磨坡口钝边，钝边为 0.5~1mm

2）装配：坡口间隙控制为 2.5~3.2mm，直径较小的管可以只做一点定位，定位焊缝长度为 10~15mm，要求焊透并且无缺陷。点固后，应将定位焊缝两端打磨成斜坡状，避免在正式打底层焊接时在接头处形成缺陷

3）打底层焊接：在定位焊对面位置的坡口内引弧，待坡口内侧母材呈熔融状态时开始填丝，焊枪移动要平稳匀速，填丝动作要轻巧熟练，施焊过程中要随位置的改变及时调整焊枪角度和焊接速度，每次停弧后转动管件再引弧，须保证接头处开始熔化形成熔池和熔孔后才填丝焊接，以保证接头质量和背面焊缝的成形

4）填充层焊接：适当加大焊接电流和送丝速度，焊枪横向摆动，在坡口两侧稍作停留，保证坡口两侧熔合良好，焊道表面保持平整，焊缝高度应比试件表面略低，且不得熔化坡口棱边

5）盖面层焊接：加大焊枪横向摆动幅度，保证熔池两侧均超过坡口棱边 0.5~1mm，送丝应及时到位，以保证焊缝余高及焊缝两侧不出现咬边

责任	姓名	资质（职称）	日期	
编制				单位盖章
审核				
批准				

任务实施

一、焊前准备

1. 试件

试件选用牌号为 Q345 的低合金钢管，尺寸为 ϕ60mm×5mm×100mm，两根，用半自动火

焰切割方法或机械加工方法开单边 30°±2.5°坡口，如图 1-62 所示。用砂轮机或锉刀清理坡口两侧 20mm 内的铁锈和油污，直至露出金属光泽。为了防止烧穿，打磨 0.5~1mm 的钝边。

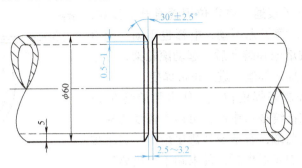

图 1-62　水平转动管对接坡口面角度和钝边

2. 焊材

焊材选用牌号为 H10MnSi 的低合金钢焊丝，直径为 $\phi2.5mm$，用砂布清理焊丝表面的铁锈和油污。

3. 钨极

选择铈钨极，直径为 $\phi2.4mm$，钨极端部打磨成锐锥形。

4. 保护气体

纯度≥99.7%（体积分数）的氩气。

5. 工具

砂轮机、锉刀、钢丝刷、角钢、防护服、劳保鞋、氩弧焊手套、头罩。

二、焊接操作

（1）定位焊　将清理好的钢管放置到角钢上，留出所需间隙，保证两管同心。坡口间隙控制为 2.5~3.2mm，$\phi60mm$ 的钢管可以做一点定位或两点定位，定位焊缝长度为 10~15mm，要求焊透并且无缺陷。点固后，应将定位焊缝两端打磨成斜坡状，避免在正式打底层焊接时在接头处形成缺陷。

（2）调整打底层焊接参数　开启焊机气阀、电源开关，检查气路和电路。按照表 1-39 调整焊接参数。

表 1-39　打底层焊接参数

焊接层	焊丝直径/mm	钨极直径/mm	钨极伸出长度/mm	焊接电流/A	电弧电压/V	氩气流量/(L/min)
打底层	2.5	2.4	6	90~95	15~17	8~10

（3）打底层焊接　焊接时钢管（管子）是转动的，熔池也随之转动，熔池转到水平位置冷凝成固体，焊缝成形最佳。钨极的电弧应处在 11 点半附近，在该处熔化形成熔池，转到 12 点位置冷凝成焊缝。管子水平转动平对接时，焊枪和焊丝的相对位置如图 1-63 所示。焊枪的钨极放在 11 点半附近位置，焊丝和切线夹角为 10°~15°，焊枪和焊丝夹角为 75°~90°。

将定位焊好的管子放置在架子上，起动滚轮架，调节管子的转速，使之符合需要的焊接速度。然后将焊接电源的正极电缆和管子接通。将定位焊缝避开引弧点，在11点半附近引弧，管子先不动，电弧也不动，待电弧熔化管子坡口形成熔池和熔孔后，起动滚轮架，开始顺时针方向转动，并加入焊丝，进入正常焊接。

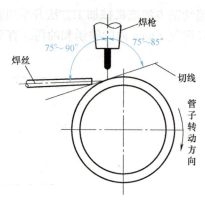

图 1-63　管子水平转动平对接时焊枪和焊丝的相对位置

焊接过程中要控制好焊枪位置，使电弧始终在11点半附近，钨极对准接缝坡口中心，可做小幅度的横向摆动。焊丝置于熔池前端，有节奏地进出熔池，焊丝被熔化成滴送入熔池；焊丝退出时，其末端不可脱离氩气保护区。焊丝添加量要根据坡口间隙大小和熔池温度状态进行调整。

当电弧遇到定位焊缝时，应暂停加焊丝，待定位焊缝熔化后，适量加焊丝，恢复正常焊接。当电弧遇到打底层起焊的端头时，先停止管子回转和停止加丝，待电弧熔化焊缝的端头，再加入少量焊丝，并焊过端头10mm左右，收弧后延时断气。

打底层焊接结束后，用钢丝刷清理焊缝表面及周围的氧化皮和飞溅。

（4）调整填充层焊接参数　开启焊机气阀、电源开关，检查气路和电路，按照表1-40调整焊接参数。

表 1-40　填充层焊接参数

焊接层	焊丝直径/mm	钨极直径/mm	钨极伸出长度/mm	焊接电流/A	电弧电压/V	氩气流量/(L/min)
填充层	2.5	2.4	5	100~110	15~17	8~10

（5）填充层焊接　焊前先检查前一层焊缝外形，有缺陷或外形高凸的要用砂轮机打磨修整。填充层焊接时的焊枪和焊丝的位置与打底层焊接时的相同；焊接电流可适当增大。焊枪横向摆动幅度也应逐层增大，并在两侧稍作停留。管子的转速可适当放慢。相邻层的焊缝接头应互相错开。

填充层焊接结束后，用钢丝刷清理焊缝表面及周围的氧化皮和飞溅。

（6）调整盖面层焊接参数　开启焊机气阀、电源开关，检查气路和电路，按照表1-41调整焊接参数。

表 1-41　盖面层焊接参数

焊接层	焊丝直径/mm	钨极直径/mm	钨极伸出长度/mm	焊接电流/A	电弧电压/V	氩气流量/(L/min)
盖面层	2.5	2.4	4	110~120	15~17	8~10

（7）盖面层焊接　焊前先检查前一层焊缝外形，有缺陷或外形高凸的要用砂轮机打磨修整。盖面层焊接时的焊枪和焊丝的位置和打底层、填充层焊接时的相同；焊接电流可适当增大。焊枪横向摆动幅度也应逐层增大，并在两侧稍作停留。管子的转速可适当放慢。相邻层的焊缝接头应互相错开。

盖面层焊接结束后，用钢丝刷清理焊缝表面及周围的氧化皮和飞溅。

复习思考题

一、选择题

1. 由于氩气是惰性气体，与焊缝金属____化学反应，____于液态金属，保护效果最佳，是一种高质量的焊接方法。

 A. 不发生   B. 发生   C. 分解   D. 不熔解

 E. 化合   F. 熔解

2. 氩气是单分子气体，高温下无二次吸放热分解反应，导电能力____以及氩气流产生的____效应，使电弧热量集中，温度高。

 A. 扩散   B. 分解   C. 压缩   D. 强

 E. 差   F. 一般

3. 与焊条电弧焊相比，由于氩弧焊热量集中，从喷嘴喷出的氩气有____，因此热影响区窄，焊件变形小。

 A. 加热作用   B. 冷却作用   C. 保护作用

4. 手工钨极氩弧焊用氩气保护____，提高了工作效率而且焊缝成形美观，质量好。

 A. 无夹渣   B. 无气孔   C. 几乎无熔渣

5. 钨极氩弧焊不但可以焊接碳钢、合金钢和不锈钢，而且还能焊接____。

 A. 玻璃   B. 有色金属   C. 瓷砖

6. 焊接全位置受压管时，为了获得单面焊双面成形的焊缝，最好应选择____。

 A. 脉冲钨极氩弧焊 B. 焊条电弧焊 C. 埋弧焊   D. CO_2 气体保护焊

7. 钨极氩弧焊的主要缺点是____。

 A. 技术不易掌握   B. 不易实现机械化

 C. 成本高   D. 如防护不妥对焊工有一定危害

8. 为了保证焊缝质量，对 TIG 焊用焊丝要求很高，因为焊接时，氩气仅起保护作用，主要靠焊丝____。

 A. 完成合金化 B. 传导电流   C. 形成电弧

9. TIG 焊用焊丝的作用是____。

 A. 传导电流与填充金属

 B. 传导电流、引弧和维持电弧燃烧

 C. 填充金属与熔化的母材混合形成焊缝

10. TIG 焊用焊丝的主要合金成分应比母材稍高，是为了____。

 A. 使焊缝比母材力学性能高

 B. 补偿电弧过程中化学成分的损失

 C. 熔池液态金属流动性更好

11. 牌号 H08Mn2Si 中的字母 H 表示焊丝，紧跟着的两位数字表示其含碳量，单位是____。"08"表示该焊丝中碳的质量分数为____左右。

 A. 0.8%   B. 万分之几 C. 千分之几   D. 8%

 E. 百分之几   F. 0.08%

12. 为了保证焊接质量，防止空气侵入焊接熔池，钨极氩弧焊送丝时应使焊丝末端始终处于____内，填丝动作要轻，不得扰动该区。

A. 氩气保护区　　　　B. 熔合区　　　　C. 热影响区

13. TIG 焊接 06Cr19Ni10 不锈钢时最好选用含钛元素的焊丝来控制____和提高焊缝耐晶间腐蚀的能力。

    A. 夹渣　　　　B. 气孔　　　　C. 裂纹　　　　D. 焊瘤　　　　E. 未熔合

14. 对于异种母材焊接，当一侧为奥氏体不锈钢时可选用____的不锈钢焊丝。

    A. 含铬量较高　　　　B. 含铬量较低　　　　C. 含铬镍量较高　　　　D. 含碳量较高

    E. 含镍量较低

15. 氩弧焊时，钨极作为电极，起着____的作用。

    A. 传导电流、引燃电弧和维持电弧正常燃烧

    B. 填充金属与熔化的母材混合形成焊缝

    C. 引燃电弧、传导电弧、填充金属与熔化的母材混合形成焊缝

16. 铈钨极与钍钨极相比，优点为：引弧电压比钍钨极低____，电弧燃烧稳定；烧损比钍钨极低____，使用寿命长；放射性极低。

    A. 5% ~ 50%　　　　B. 15%　　　　C. 10%　　　　D. 50% ~ 150%

    E. 50%　　　　F. 80%

17. 型号 WTh20 表示是钍钨极，其中氧化钍的质量分数为____。

    A. 0. 20%　　　　B. 2.0%　　　　C. 20%

18. 使用交流 TIG 焊的钨极端部应磨成____。

    A. 30°锥角　　　　B. 90°锥角　　　　C. 半球形

19. 在使用小电流的直流电时，TIG 焊的钨极端部呈____，易于高频引燃电弧，并且电弧也比较稳定。

    A. 30°截头锥形　　　　B. 90°截头锥形　　　　C. 半球形

20. 钨极端部的锥度会影响焊缝的成形，减小锥角可____。

    A. 减小焊道的宽度、减小焊缝的熔深

    B. 增大焊道的宽度、增大焊缝的熔深

    C. 减小焊道的宽度、增大焊缝的熔深

    D. 增大焊道的宽度、减小焊缝的熔深

21. 维持氩弧燃烧的电压较低，一般达____即可。

    A. 20V　　　　B. 80V　　　　C. 10V

22. 按 GB/T 4842—2017《氩》规定，TIG 焊使用的氩气纯度应达到____。

    A. 99. 5%　　　　B. 99. 8%　　　　C. 99. 99%

23. 瓶装氩气最高充气压力为____MPa，气瓶为灰色，用____标明"氩"字样。

    A. 黑漆　　　　B. 绿漆　　　　C. 蓝漆　　　　D. 5

    E. 10　　　　F. 15

24. 因为氦气比空气轻，所以当 TIG 焊选择氦气保护时，氦气的流量必须达到氩气流量的____倍。

    A. 1 ~ 1. 5　　　　B. 2 ~ 3　　　　C. 2. 5 ~ 10

25. 氩弧 TIG 焊的弧长和焊接电流与氦弧 TIG 焊的弧长和焊接电流相同时，氦弧的功率比氩弧高，故选用氦弧来焊接____的材料。

    A. 薄板、热导率低或低熔点　　　　B. 厚板、热导率高或熔点高

    C. 薄板、热导率高或熔点低

26. TIG 焊的焊接电流在 50~150A 范围内时，选用____焊接薄板较好。

    A. 氩弧　　　　B. 氦弧　　　　C. 氩-氦混合弧

27. 在正常焊接参数条件下，焊丝金属的平均熔化速度与焊接电流成____。

    A. 正比　　　　B. 反比　　　　C. 不规则的比例　　　　D. 平方反比

28. 按我国现行规定，对于直流 TIG 焊机，当额定焊接电流为 400A 时，焊接电流的调节范围应是____A。

    A. 40~400   B. 50~400   C. 75~630

29. 任何具有____外特性曲线的弧焊电源都可以用作 TIG 焊接电源。

    A. 上升   B. 陡降   C. 水平

30. 选择能焊接铝及铝合金、碳钢、不锈钢、耐热钢等材质的 TIG 焊机型号应为____。

    A. WSJ-400   B. WSM-400   C. WSE5-315

31. 型号为____的 TIG 焊机适用于铝及铝合金的焊接。

    A. WS-400   B. WSJ-400   C. WSM-400

二、判断题

1. 钨极伸出长度过小时，会妨碍视线，操作不便。   （   ）

2. 钨极氩弧焊时应尽量减少高频振荡器的工作时间，引燃电弧后立即切断高频电源。   （   ）

3. 钨极氩弧焊机的调试内容主要是对电源参数调整、控制系统的功能及其精度、供气系统的完好性、焊枪的发热情况等进行调试。   （   ）

4. 手工钨极氩弧焊对焊件材料表面的清理要求不高，因此使用方便。   （   ）

5. 手工钨极氩弧焊几乎可以焊接所有的金属材料。   （   ）

6. 手工钨极氩弧焊可用交流和直流电源。   （   ）

7. 手工钨极氩弧焊时，由于没有焊接熔渣的保护，因此其焊接质量不如焊条电弧焊。   （   ）

8. 手工钨极氩弧焊时，电源外特性曲线越陡，则同样弧长变化所引起的电流变化越大。   （   ）

9. 手工钨极氩弧焊时，氩气流量越大，保护效果越好。   （   ）

10. 钨极氩弧焊通常采用直流反接电源。   （   ）

11. 钨极氩弧焊用高频振荡器的作用是稳定电弧。   （   ）

12. 用钨极氩弧焊机焊接不锈钢时，应采用直流正接。   （   ）

13. 钨极氩弧焊时，钨极不熔化，所以钨极除在初次使用时需要磨好以外，以后使用过程中不用修磨。   （   ）

14. 采用接触引弧法是手工钨极氩弧焊最好的引弧方法。   （   ）

15. 在钨极氩弧焊中，使用最多的电极材料是铈钨极。   （   ）

16. 管内充氩的目的是防止在焊接高温的作用下焊缝背面产生氧化、过烧等缺陷。   （   ）

17. 钨极氩弧焊的电源种类和极性需根据焊件材质进行选择。   （   ）

18. 氩弧焊的氩气流量应随喷嘴直径的加大而相应地增大。   （   ）

19. 钨极氩弧焊电弧温度比焊条电弧焊电弧温度高。   （   ）

20. 钨极氩弧焊接头起弧时，应注意形成熔池后，再加焊丝。   （   ）

项目二

ϕ60mm × 5mm低合金钢管垂直固定位置的钨极氩弧焊

项目概述

　　掌握了最基本的平焊位置焊接操作后，选择"ϕ60mm×5mm 低合金钢管垂直固定位置的钨极氩弧焊"作为进阶项目。该项目是《焊工国家职业技能标准（2009 年修订）》中的焊工中级项目，对应于 TSG Z6002—2010《特种设备焊接操作人员考核细则》中的项目代号为 GTAW-Fe Ⅱ-2G-5/60-FefS-02/11/12。GTAW 表示钨极氩弧焊；Fe Ⅱ 表示材料类别，低合金钢属于 Fe Ⅱ 类材料；2G 表示横焊位置（管子垂直固定位置等同于平板横焊位置）；5/60 表示管外径是 60mm，管壁厚 5mm；FefS 表示填充金属是钢焊丝；02 表示焊丝为实心焊丝，11 表示背面无保护，12 表示电源种类和极性为直流正接。通过该项目的学习和训练，使学生能够正确地进行 ϕ60mm×5mm 低合金钢管垂直固定位置的钨极氩弧焊，达到焊工中级水平。

任务 1 φ60mm×5mm 低合金钢管垂直固定打底层焊接

学习目标

1. 了解钢管对接焊接位置及代号。
2. 根据管子直径大小选择合理的定位焊方法。
3. 选择合适的保护装置。
4. 正确选择低合金钢管垂直固定打底层焊接参数。
5. 掌握低合金钢管垂直固定打底层焊接操作要领。
6. 掌握低合金钢管垂直固定打底层焊接常见的缺陷及防止措施。

必备知识

一、管对接焊接位置

管对接的焊接位置及代号见表 2-1。由易到难依次是：水平转动（1G）、垂直固定（2G）、水平固定（5G，5GX）、45°固定（6G，6GX），如图 2-1 所示。

表 2-1 管对接的焊接位置及代号

管材对接焊缝试件	水平转动		1G（转动）
	垂直固定		2G
	水平固定	向上焊	5G
		向下焊	5GX（向下焊）
	45°固定	向上焊	6G
		向下焊	6GX（向下焊）

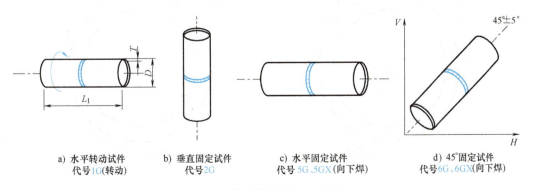

a) 水平转动试件
代号 1G（转动）

b) 垂直固定试件
代号 2G

c) 水平固定试件
代号 5G、5GX（向下焊）

d) 45°固定试件
代号 6G、6GX（向下焊）

图 2-1 管对接焊接位置示意图

二、管子的定位焊

1. 管子位置的划分

为了便于叙述焊接过程，将管子的横断面看作钟表盘，如图 2-2 所示。

2. 管子的定位焊

与板对接一样，管对接时，为了固定管子，便于焊接，也需要进行定位焊。但是，与板对接的两点定位不一样，管对接时有一点定位、两点定位、三点定位和多点定位等多种形式。

（1）一点定位焊 对于小管径的对接焊，可以只采用一点定位。这种情况下，起弧位置为定位焊点的对面。例如：在 12 点位置定位时，那么在 6 点位置处开始焊接，如图 2-3 所示。

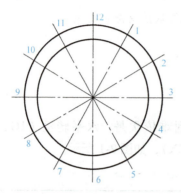

图 2-2 管子位置示意图

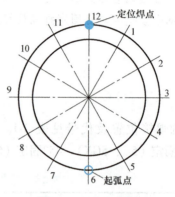

图 2-3 一点定位焊

（2）两点定位焊 对于管径大一些的对接焊，为了增加管子的牢固性，可以采用两点定位。这种情况下，两个定位焊点与起弧点之间分别成 120°。如在 2 点、10 点位置定位，那么在 6 点位置起弧，如图 2-4 所示。

（3）三点定位焊 中等管径对接焊时，可以采用三点定位，如图 2-5 所示。这种情况下，3 个定位焊点之间分别成 120°，起弧点为其中一个定位焊点。如在 2 点、10 点、6 点位置定位，那么在 6 点位置起弧。

图 2-4 两点定位焊

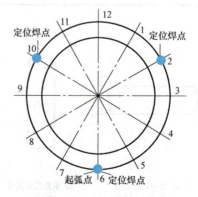

图 2-5 三点定位焊

（4）多点定位焊 对于大管径对接焊，也可以采用多点定位，定位焊时，焊点要尽量分布均匀。

三、管对接垂直固定焊接的特点

管对接垂直固定位置如图 2-6 所示，代号为 2G，即为横焊，比水平转动（平焊 1G）困难。横焊时熔池金属受重力作用而下淌，使焊缝上侧易产生咬边，焊缝下侧形成焊瘤，如图 2-7 所示。

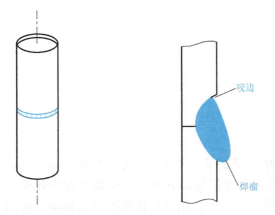

图 2-6 管对接垂直固定位置　　　图 2-7 横焊易出现的缺陷

横焊的电流略比平对接焊时的电流小，以避免形成大的熔池，有利于焊缝成形。打底层横焊的电流宜小，可防止烧穿。填充层横焊电流可略大一些，盖面层横焊电流同填充层，详见管对接垂直固定焊接工艺卡。

四、管对接垂直固定焊时焊枪和焊丝的位置

横焊时，焊枪向下倾斜 10°，即焊枪和上板夹角为 100°（90°+10°），焊枪和焊缝夹角为 70°~80°，焊枪位置如图 2-8 所示。焊枪向下倾斜，使电弧吹力略向上，可阻挡熔池金属向下流淌。

横焊时，焊丝和试件平面的夹角为 30°~40°，焊丝和垂直于钢板的平面夹角为 15°~20°，图 2-9

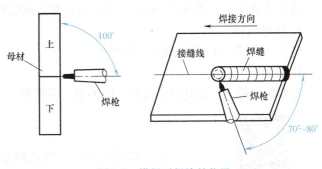

图 2-8 横焊时焊枪的位置

所示为横焊时焊丝的位置。横焊时，焊丝进入熔池的位置如图 2-10 所示，焊丝末端位于熔池的左上方，以减少液态金属流至熔池下方的量，改善焊缝成形。

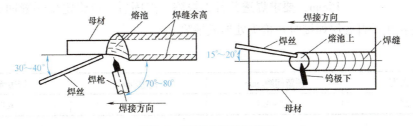

图 2-9 横焊时焊丝的位置

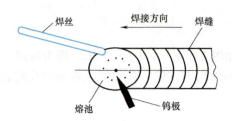

图 2-10 横焊时焊丝端头进入熔池的位置

任务实施（φ60mm×5mm 低合金钢管垂直固定打底层焊接）

一、焊前准备

1. 试件

试件选用牌号为 Q345 的低合金钢管，尺寸为 φ60mm×5mm×100mm，两根，用半自动火焰切割方法或机械加工方法开单边 30°±2.5°坡口，如图 2-11 所示，用砂轮机或锉刀清理坡口两侧 20mm 内的铁锈和油污，直至露出金属光泽。为了防止烧穿，打磨 0.5~1mm 的钝边。

2. 焊材

焊材选用牌号为 H10MnSi 的低合金钢焊丝，直径为 φ2.5mm，用砂布清理焊丝表面的铁锈和油污。

3. 钨极

选择铈钨极，直径为 φ2.4mm，钨极端部打磨成锐锥形。

4. 保护气体

纯度≥99.7%（体积分数）的氩气。

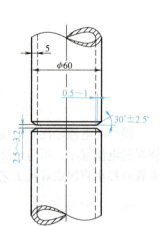

图 2-11 垂直固定管对接坡口角度和钝边

5. 工具

砂轮机、锉刀、钢丝刷、角钢、防护服、劳保鞋、氩弧焊手套、头罩。

φ60mm×5mm 低合金钢管垂直固定装配与定位操作微课

二、焊接操作

（1）装配与定位 将清理好的管子放置到角钢上，保证两管同心，按照表 2-2 中的尺寸进行装配。开启焊机气阀、电源开关，检查气路和电路。调整焊接参数，定位焊采用的焊丝和焊接参数与正式焊接时相同。在 12 点位置进行一点定位，定位焊缝长度为 10~15mm，要求焊透并且无缺陷。点固后，应将定位焊缝两端打磨成斜坡状，避免在正式打底层焊接时在接头处形成缺陷。

表 2-2 装配尺寸

坡口角度	预留间隙/mm	钝边/mm	错边量/mm
60°±5°	2.5~3.2	0.5~1	≤0.5

（2）调整焊接参数　开启焊机气阀、电源开关，检查气路和电路。按照表 2-3 调整焊接参数。

表 2-3　打底层焊接参数

焊接层	焊丝直径/mm	钨极直径/mm	钨极伸出长度/mm	焊接电流/A	电弧电压/V	氩气流量/（L/min）
打底层	2.5	2.4	7	90~95	11~13	8~10

（3）打底层焊接　管对接垂直固定位置的打底层焊接，主要需防止烧穿和焊缝下侧形成焊瘤。在接缝的右端引弧，先不加焊丝，焊枪在引弧处稍作停留，待形成熔池和熔孔后，再加焊丝向左焊。焊枪角度应为水平方向向下偏 5°~10°。送丝位置应在上坡口的根部，防止上坡口过热，母材熔化过多，产生咬边或焊缝背面的余高下坠。焊枪做直线匀速运动，也可做小幅度的横向摆动。焊丝加入点在熔池的上侧，加入量要适当，若加入量过多，会使焊缝下侧产生焊瘤。焊瘤的后面常伴随有未熔合缺陷，若发现这种缺陷，应予以清除。

φ60mm×5mm 低合金钢管垂直固定打底层焊接微课

（4）焊后清理　焊接结束后，用钢丝刷清理焊缝表面及周围的氧化皮和飞溅。

任务 2　φ60mm×5mm 低合金钢管垂直固定填充层焊接

学习目标

1. 正确选择低合金钢管垂直固定填充层焊接参数。
2. 掌握低合金钢管垂直固定填充层焊接操作要领。
3. 掌握低合金钢管垂直固定填充层焊接常见的缺陷及防止措施。

任务实施（φ60mm×5mm 低合金钢管垂直固定填充层焊接）

一、焊前准备

1. 试件

项目二任务 1 中完成打底层焊接的试件。

2. 焊材

焊材选用牌号为 H10MnSi 的低合金钢焊丝，直径为 φ2.5mm，用砂布清理焊丝表面的铁锈和油污。

3. 钨极

选择铈钨极，直径为 φ2.4mm，钨极端部打磨成锐锥形。

4. 保护气体

纯度≥99.7%（体积分数）的氩气。

5. 工具

砂轮机、锉刀、钢丝刷、角钢、防护服、劳保鞋、氩弧焊手套、头罩。

二、焊接操作

（1）调整焊接参数 开启焊机气阀、电源开关，检查气路和电路，按照表2-4调整焊接参数。

表2-4 填充层焊接参数

焊接层	焊丝直径/mm	钨极直径/mm	钨极伸出长度/mm	焊接电流/A	电弧电压/V	氩气流量/(L/min)
填充层	2.5	2.4	5	100~110	11~13	8~10

φ60mm×5mm 低合金钢管垂直固定填充层焊接微课

（2）填充层焊接 管对接垂直固定填充层的焊接电流可比打底层大些。焊枪和焊丝的位置同打底层。焊枪摆动幅度稍大，如需要获得较宽的焊道，焊枪可做斜锯齿形或斜圆弧形摆动。摆动操作时，电弧在熔池上侧停留时间稍长，而电弧到达熔池下侧时，要以较快的速度回到上侧，在熔池上侧加焊丝，熔池呈略有偏斜的椭圆形状，以减少熔池液态金属向下流垂现象，避免焊缝下侧形成焊瘤。

（3）焊后清理 焊接结束后，用钢丝刷清理焊缝表面及周围的氧化皮和飞溅。

任务3 φ60mm×5mm 低合金钢管垂直固定盖面层焊接

学习目标

1. 正确选择低合金钢管垂直固定盖面层焊接参数。
2. 掌握低合金钢管垂直固定盖面层焊接操作要领。
3. 掌握低合金钢管垂直固定盖面层焊接常见的缺陷及防止措施。

任务实施（φ60mm×5mm 低合金钢管垂直固定盖面层焊接）

一、焊前准备

1. 试件
项目二任务2中完成填充层焊接的试件。

2. 焊材
焊材选用牌号为 H10MnSi 的低合金钢焊丝，直径为 φ2.5mm，用砂布清理焊丝表面的铁锈和油污。

3. 钨极
选择铈钨极，直径为 φ2.4mm，钨极端部打磨成锐锥形。

4. 保护气体
纯度≥99.7%（体积分数）的氩气。

5. 工具

砂轮机、锉刀、钢丝刷、角钢、防护服、劳保鞋、氩弧焊手套、头罩。

二、焊接操作

（1）调整焊接参数　开启焊机气阀、电源开关，检查气路和电路，按照表 2-5 调整焊接参数。

表 2-5　盖面层焊接参数

焊接层	焊丝直径/ mm	钨极直径/ mm	钨极伸出长度/ mm	焊接电流/ A	电弧电压/ V	氩气流量/ (L/min)
盖面层	2.5	2.4	3	100～110	11～13	8～10

（2）盖面层焊接　焊接电流及焊枪角度不变，但摆动幅度增大，使熔池的上、下沿均超出管子坡口 0.5～1mm，送丝频率加快，并适当减小送丝量，防止在上坡口处出现咬边，以及在下坡口处出现焊缝下坠，余高增大。

φ60mm×5mm 低合金钢管垂直固定盖面层焊接微课

厚度超过 6mm 的 V 形坡口，可采用两道或更多道完成盖面层。多道盖面层的焊接顺序是先下后上，即先焊坡口最下面焊道，顺次向上焊坡口上面焊道。采用两道盖面层时，先焊下面一道，焊枪位置要调整，使电弧偏向填充层的下侧（图 2-12a），做适当幅度的摆动，使熔池下沿熔化坡口下侧表面达 0.5～1.5mm，熔池的上沿达填充层宽度的 2/3 处。焊上面焊道时，焊枪角度调整向上（图 2-12b），电弧沿填充层焊道的上沿做略斜的上下摆动，使熔池的上沿熔化坡口上侧表面达 0.5～1.5mm，熔池下沿达盖面层宽度 1/2 处，使上、下两焊道平滑过渡（图 2-12c），整个盖面层焊缝表面平整。焊盖面层最上面的焊道时，宜适当减小焊接电流，可减小产生咬边的倾向。

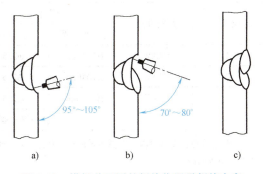

a)　　　　　　　b)　　　　　　　c)

图 2-12　横焊盖面层的焊枪位置及焊接次序

（3）焊后清理　焊接结束后，用钢丝刷清理焊缝表面及周围的氧化皮和飞溅。

任务 4　φ60mm×5mm 低合金钢管垂直固定焊接

学习目标

1. 正确选择低合金钢管垂直固定焊接参数。
2. 掌握低合金钢管垂直固定焊接操作要领。
3. 掌握低合金钢管垂直固定焊接常见的缺陷及防止措施。

必备知识

$\phi60\text{mm}\times5\text{mm}$ 低合金钢管垂直固定焊接工艺卡见表2-6。

表2-6 管对接垂直固定焊接工艺卡

考试项目	Q345 管对接垂直固定焊接
项目代号	GTAW-FeⅡ-2G-5/60-FefS-02/11/12
考试标准	TSG Z6002—2010
焊接方法	GTAW（钨极氩弧焊）
试件材质、规格	Q345，$\phi60\text{mm}\times5\text{mm}\times100\text{mm}$
焊材牌号、规格	H10MnSi，$\phi2.5\text{mm}$
保护气体及流量	氩气，8～10L/min
焊接接头	管-管对接接头，开坡口
焊接位置	垂直固定（2G）
其他	背面无保护气

预热		焊后热处理	
预热温度	—	温度范围	—
层间温度	≤250℃	保温时间	—
预热方式	—	其他	—

焊接参数

焊层（道）	焊接方法	焊材		焊接电流		电弧电压/ V	焊接速度/ （mm/min）
		型（牌）号	直径/mm	极性	电流大小/A		
1	GTAW	H10MnSi	$\phi2.5$	直流正接	90～95	11～13	50～60
2	GTAW	H10MnSi	$\phi2.5$	直流正接	100～110	11～13	60～70
3	GTAW	H10MnSi	$\phi2.5$	直流正接	100～110	11～13	60～70

施焊操作要领及注意事项

1）焊前准备：将坡口内、外侧20mm范围内的毛刺及油污、铁锈等清理干净，直至露出金属光泽，修磨坡口钝边，钝边为0.5～1mm

2）装配：坡口间隙控制为2.5～3.2mm，小径管可以只做一点定位，定位焊缝长度为10～15mm，要求焊透并且无缺陷。点固后，应将定位焊缝两端打磨成斜坡状，避免在正式打底层焊接时在接头处形成缺陷

3）打底层焊接：在定位焊缝对面坡口内引弧，先不加焊丝，待坡口根部熔化形成熔池，再加焊丝；填充焊丝以往复运动的方式间断地送入熔池前方，在熔池前呈滴状加入，焊枪做小幅度的摆动并向左匀速移动。焊枪角度应为水平方向向下偏5°～10°。送丝位置应在上坡口的根部，防止上部坡口过热，母材熔化过多，产生咬边或背面焊缝下坠

4）填充层焊接：除电流增大、焊枪摆动幅度增大外，焊枪角度及焊丝位置与打底层相同。填充层表面略低于坡口为佳

5）盖面层焊接：焊接电流及焊枪角度不变，但摆动幅度增大，使熔池的上、下沿均超出坡口0.5～1mm，送丝频率加快，并适当减小送丝量，防止在上坡口处出现咬边，及在下坡口处出现焊缝下坠、余高增大

责任	姓名	资质（职称）	日期	
编制				单位盖章
审核				
批准				

任务实施（φ60mm×5mm 低合金钢管垂直固定焊接）

一、焊前准备

1. 试件

选用牌号为 Q345 的低合金钢管，尺寸为 φ60mm×5mm×100mm，两根，用半自动火焰切割方法或机械加工方法开单边 30°±2.5°坡口，用砂轮机或锉刀清理坡口两侧 20mm 内的铁锈和油污，直至露出金属光泽。为了防止烧穿，打磨 0.5~1mm 的钝边。

2. 焊材

选用牌号为 H10MnSi 的低合金钢焊丝，直径为 φ2.5mm，用砂布清理焊丝表面的铁锈和油污。

3. 钨极

选用铈钨极，直径为 φ2.4mm，钨极端部打磨成锐锥形。

4. 保护气体

纯度≥99.7%（体积分数）的氩气。

5. 工具

砂轮机、锉刀、钢丝刷、角钢、防护服、劳保鞋、氩弧焊手套、头罩。

二、焊接操作

（1）装配与定位　将清理好的管子放置到角钢上，保证两管同心，按照表 2-7 中的尺寸进行装配。开启焊机气阀、电源开关，检查气路和电路。调整焊接参数，定位焊采用的焊丝和焊接参数与正式焊接时相同。在 12 点位置进行一点定位，定位焊缝长度为 10~15mm，要求焊透并且无缺陷。点固后，应将定位焊缝两端打磨成斜坡状，避免在正式打底层焊接时在接头处形成缺陷。

表 2-7　装配尺寸

坡口角度	预留间隙/mm	钝边/mm	错边量/mm
60°±5°	2.5~3.2	0.5~1	≤0.5

（2）调节焊接参数　按照工艺卡的要求调节焊接参数。

（3）打底层焊接　横焊的打底层焊接，主要需防止烧穿和焊缝下侧形成焊瘤。在接缝的右端引弧，先不加焊丝，焊枪在引弧处稍作停留，待形成熔池和熔孔后，再加焊丝向左焊。焊枪做匀速直线运动，也可做小幅度的横向摆动。焊丝加入点在熔池的上侧，加入量要适当，若加入量过多，会使焊缝下侧产生焊瘤。焊瘤的后面常伴随有未熔合缺陷，若发现这种缺陷，应予以清除。

（4）填充层焊接　横焊填充层的电流可大些。焊枪和焊丝的位置同打底层。焊枪摆动幅度稍大，如需要获得较宽的焊道，焊枪可做斜锯齿形或斜圆弧形摆动。摆动操作时，电弧在熔池上侧停留时间稍长，而电弧到达熔池下侧时要以较快的速度回到熔池上侧，在熔池上侧加焊丝，熔池呈略有偏斜的椭圆形状，这样可减少熔池液态金属向下流垂现象，避免焊缝下侧形成焊瘤。

φ60mm×5mm
低合金钢管垂直
固定焊接微课

（5）盖面层焊接　若要获得较宽的焊道，焊枪摆动幅度要更大点，焊枪可做斜锯齿形或斜圆弧形运动，焊丝加在斜椭圆形熔池上侧，电弧在熔池上侧时，借电弧向上吹力把熔池液态金属推向熔池上侧边缘，避免产生咬边缺陷。电弧达到熔池下侧时，用较快的速度回到熔池上侧，这样可以避免产生焊瘤缺陷。

（6）焊后清理　焊接结束后，用钢丝刷清理焊缝表面及周围的氧化皮和飞溅。

（7）焊后外观检验　按照表2-8进行焊后外观检验。

表2-8　φ60mm×5mm 低合金钢管垂直固定位置的钨极氩弧焊评分标准（满分50分）

检查项目	评判标准及得分	评判等级				测评数据	实得分数
		I	II	III	IV		
焊缝余高	尺寸标准/mm	0~2	>2~3	>3~4	<0或>4		
	得分标准	6分	4分	2分	0分		
焊缝高度差	尺寸标准/mm	≤1	>1~2	>2~3	>3		
	得分标准	6分	4分	2分	0分		
焊缝宽度	尺寸标准/mm	11~12.5	>12.5~14	>14~16	<11或>16		
	得分标准	4分	2分	1分	0分		
焊缝宽度差	尺寸标准/mm	≤1.5	>1.5~2	>2~3	>3		
	得分标准	6分	4分	2分	0分		
咬边	尺寸标准/mm	无咬边	深度≤0.5		深度>0.5		
	得分标准	8分	每2mm扣1分		0分		
正面成形	标准	优	良	中	差		
	得分标准	5分	3分	1分	0分		
背面成形	标准	优	良	中	差		
	得分标准	5分	3分	1分	0分		
背面余高	尺寸标准/mm	0~2	>2~3	>3~4	<0或>4		
	得分标准	5分	3分	1分	0分		
背面余高差	尺寸标准/mm	≤1	>1~2	>2~3	>3		
	得分标准	5分	3分	1分	0分		
外观缺陷记录							

焊缝外观（正、背）成形评判标准[①]

优	良	中	差
成形美观，焊缝均匀、细密、高低、宽窄一致	成形较好，焊缝均匀、平整	成形尚可，焊缝平直	焊缝弯曲，高低、宽窄明显不均

① 焊缝正反两面有裂纹、夹渣、气孔、未熔合等缺陷或出现焊件修补、未完成，该项作0分处理。

案例 φ60mm×5mm 低合金钢管水平固定位置的钨极氩弧焊

学习目标

1. 正确选择低合金钢管水平固定焊接参数。
2. 掌握低合金钢管水平固定焊接操作要领。
3. 掌握低合金钢管水平固定焊接常见的缺陷及防止措施。

必备知识

一、管子全位置焊接的特点

水平固定管子对接焊（5G）也称管子全位置焊。管子水平固定时，焊缝空间位置开始是仰焊，后转为立焊，最终转为平焊，如图 2-13 所示。要求获得熔透良好、余高和宽度均匀的焊缝。平焊和横焊的操作要领前面已经讲述过了，下面就具体讲解一下立焊和仰焊的操作要领和注意事项。

二、立焊的操作要领和注意事项

立焊是有难度的，主要是熔池液态金属受重力作用要向下流淌，焊缝成形不整齐，易产生焊瘤和咬边缺陷。立焊选用的电流较小，可改善焊缝的成形。

1. 立焊时焊枪和焊丝的位置

手工钨极氩弧焊采用由下向上焊时，焊枪和焊丝的位置如图 2-14 所示，焊枪向下倾斜 $10°\sim20°$，即和焊缝夹角为 $70°\sim80°$，借电弧向上吹力对熔池液态金属有所托挡。焊丝和接缝线成 $20°\sim30°$。焊丝端头在熔池上端部加入，熔池金属缓慢向下流，形成良好的焊缝成形。若焊丝在熔池下半区域加入，则熔池金属会流到正常焊缝区域之外，形成焊瘤。

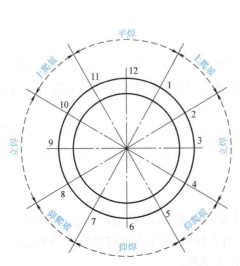

图 2-13 水平固定管子焊接位置示意图

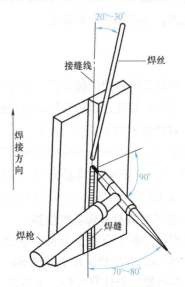

图 2-14 立焊时焊枪和焊丝的位置

2. 打底层立焊时的操作要领

打底层立焊时，在接缝最低处引弧，先不加焊丝，待试件熔化形成熔池和熔孔后，开始加焊丝。焊枪做上凸圆弧形摆动，电弧长度控制为 2~4mm，并在坡口两侧稍作停留，使两侧熔合良好。焊丝应位于熔池上端部，有节奏地填入熔池，如图 2-15 所示。焊枪上移速度要适宜，要控制好熔池的形状，焊道中间不能外凸，若打底层焊道中间凸出过高，将引起填充层两侧未熔合缺陷。

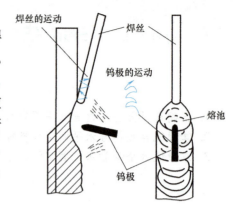

图 2-15　立焊时焊枪和焊丝的运动示意图

3. 填充层立焊时的操作要领

打底层焊后应检查焊缝外表面，若发现焊缝有缺陷（咬边除外）或局部高凸，应用砂轮打磨清除。

填充层焊接时的焊枪和焊丝位置同打底层。填充层采用的焊接电流应大于打底层。焊枪宜做圆弧摆动，幅度也增大，焊枪摆动到两侧稍作停留，使焊缝两侧熔合良好。焊接时可借焊枪倾角变化和焊丝填充的量来调整熔池的温度。焊枪向下倾角增大，电弧对熔池加热量减少；增加焊丝加入熔池的量，可降低熔池温度。通过控制焊枪的上移和摆动，及填充焊丝的配合，使熔池形状近似椭圆形，椭圆形的长轴主要由焊枪摆动幅度决定。

4. 盖面层立焊时的操作要领

焊盖面层前，先对填充层焊缝外形进行填平磨齐（焊缝低凹处补焊一薄层，高凸处用砂轮机磨平）。焊接时焊枪摆动幅度可增大，在坡口两侧略作停留，并熔化坡口边缘 0.5~2mm，要使熔池宽度力求均匀，焊丝填充的量视焊缝需要的余高（2~3mm）而定。

立焊焊缝的形成可以看成一片熔池冷凝，接着一片液态熔池叠上，焊缝是一片一片叠成的，所以焊缝成形粗糙。盖面层的立焊可以获得又宽又厚的焊道，这时立焊的焊接热输入是比较大的，是横焊不能相比的。

三、仰焊的操作要领和注意事项

仰焊是最困难的焊接位置，首先是劳动强度高，焊工仰首看电弧，两手高举焊枪和焊丝做微小动作；其次是熔池和焊丝熔化成的熔滴受重力作用而严重下坠，焊缝背面易出现内凹缺陷（焊缝背面低于试件表面）。

仰焊时，为了不使熔池和熔滴向下坠落，必须控制熔池尺寸（不宜大）。仰焊应采用较小的焊接电流和较快的焊接速度，这样熔池尺寸小，凝固快，熔池金属不易坠落。考虑到氩气的密度比空气大，仰焊时应加大氩气流量。

1. 仰焊时焊枪和焊丝的位置

平焊位置翻个身就成为仰焊位置，焊接方向仍为向左焊，焊枪向右倾斜 5°~15°，如图 2-16 所示。焊丝和试件平面成 30°~40°（图 2-17），但不在通过接缝线的垂直于试件的平面上；焊丝略向身体靠近些，这是为了减小体力消耗。

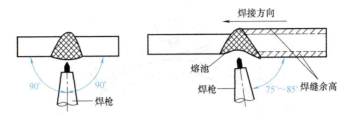

图 2-16　仰焊时焊枪的位置示意图

2. 打底层仰焊时的操作要领

仰焊打底层的焊缝外形要求是，焊缝背面略有余高，不允许有内凹缺陷，但这是一个难题。

在焊缝右端引弧后，不加焊丝，待形成熔池和熔孔后，开始加焊丝。焊枪做小幅度锯齿形摆动，在坡口两侧稍作停留。熔池不宜大，以防止熔池液态金属下坠。电弧宜短，短电弧对熔池的吹力比长电弧的大，电弧吹力大有助于阻挡熔池

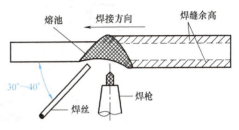

图 2-17　仰焊时焊丝的位置示意图

金属下坠。焊速快可使熔池金属温度降低。有经验的焊工在加焊丝的同时，用焊丝把熔池向上轻推一下，以利于背面焊缝成形。

3. 填充层仰焊时的操作要领

仰焊填充层的难度小一点。焊接电流可大一点，焊枪摆动幅度也大一些，摆动到两侧稍作停留，使坡口两侧熔合良好。电弧切不可在熔池的中部停留时间过长，以避免熔池中间温度过高而引起焊缝中部下坠现象。焊好的填充层焊缝表面应平整，低于试件表面约 1mm，不可熔化坡口边缘。

4. 盖面层仰焊时的操作要领

仰焊盖面层时，焊枪摆动幅度比焊填充层时增大，在坡口两侧稍作停留，熔化坡口两侧边缘超过试件表面 0.5~1mm，使两侧熔合良好，焊缝外表面光滑，余高达 0~2mm。

四、水平固定管子焊接顺序

用时钟点数来标记位置，将管子分为左右两半圈，先焊左半圈，后焊右半圈，由 6 点处仰焊位置起焊，经立焊 9 点和 3 点，在平焊 12 点相接，如图 2-18 所示。

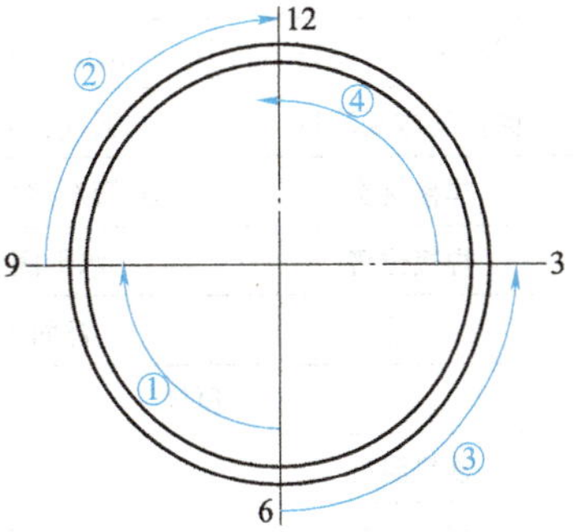

图 2-18　水平固定管子焊接顺序

五、水平固定管子对接全位置焊时焊枪和焊丝的位置

管子全位置焊接，通常采用由下向上焊，焊接位置不断改变，焊枪和焊丝的位置也要随之而变，图 2-19 所示为管子对接全位置焊时焊枪和焊丝的位置。

φ60mm×5mm 低合金钢管水平固定焊接工艺卡见表 2-9。

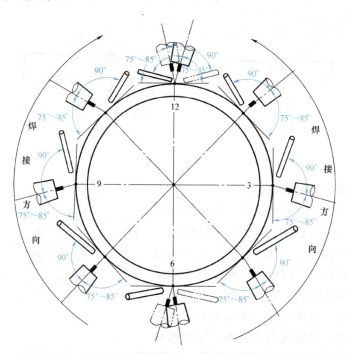

图 2-19 管子对接全位置焊时焊枪和焊丝位置

表 2-9 ϕ60mm×5mm 低合金钢管水平固定焊接工艺卡

考试项目		Q345 管对接水平固定焊接		
项目代号	GTAW-FeⅡ-5G-5 /60-FefS-02/11/12	考试标准	TSG Z6002—2010	
焊接方法	GTAW（钨极氩弧焊）			
试件材质、规格	Q345，ϕ60mm×5mm×100mm			
焊材牌号、规格	H10MnSi，ϕ2.5mm			
保护气体及流量	氩气，8~10L/min			
焊接接头	管-管对接接头，开坡口			
焊接位置	水平固定（5G）			
其他	背面无保护气			
预热		焊后热处理		
预热温度	—	温度范围	—	
层间温度	≤250℃	保温时间	—	
预热方式	—	其他	—	

焊接参数

焊层（道）	焊接方法	焊材		焊接电流		电弧电压/ V	焊接速度/ (mm/min)
		型（牌）号	直径/mm	极性	电流大小/A		
1	GTAW	H10MnSi	ϕ2.5	直流正接	80~90	11~13	40~50
2	GTAW	H10MnSi	ϕ2.5	直流正接	100~110	11~13	50~60
3	GTAW	H10MnSi	ϕ2.5	直流正接	100~110	11~13	50~60

（续）

施焊操作要领及注意事项

1）焊前准备：将坡口内、外侧 20mm 范围内的毛刺及油污、铁锈等清理干净，直至露出金属光泽，修磨坡口钝边，钝边为 0.5～1mm

2）装配：坡口间隙控制为 3.5～4.5mm，小径管可以只进行一点定位，定位焊缝长度为 10～15mm，要求焊透并且无缺陷。点固后，应将定位焊缝两端打磨成斜坡状，避免在正式打底层焊接时在接头处形成缺陷

3）打底层焊接：将试件固定于焊接支架上，管轴线水平且定位焊缝处于 12 点位置，在 5 点半位置开始引弧，焊枪角度与焊接方向成 90°～100°，焊丝由上向间隙内送入，焊枪在坡口两侧稍作停留，并及时添加焊丝；在仰焊位尽量不要停留，以减少接头，从 7 点半位置开始，逐渐增大焊枪角度，与焊接方向成 110°～120°，以防止背面成形过高。逆时针方向在 6 点位置引弧后移至接头处，待接头处充分熔化形成熔池后开始加焊丝，操作方法基本与上半圈相同

4）填充层焊接：适当增加焊接电流和焊接速度，防止因电流过大、速度太慢或送丝跟不上而造成仰焊位焊缝下垂，而平焊位内陷，在背部形成焊瘤；厚度以不超过母材为宜

5）盖面层焊接：观察两棱边的熔合状态，及时填充焊丝，特别是在仰焊位，不利于观察，容易产生咬边或未熔合

责任	姓名	资质（职称）	日期	
编制				单位盖章
审核				
批准				

任务实施

一、焊前准备

1. 试件

选用牌号为 Q345 的低合金钢管（管子），尺寸为 φ60mm×5mm×100mm，两根，用半自动火焰切割方法或机械加工方法开单边 30°±2.5°坡口，用砂轮机或锉刀清理坡口两侧 20mm 内的铁锈和油污，直至露出金属光泽。为了防止烧穿，打磨 0.5～1mm 的钝边，如图 2-20 所示。

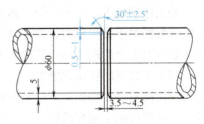

图 2-20　水平固定管对接坡口角度和钝边

2. 焊材

选用牌号为 H10MnSi 的低合金钢焊丝，直径为 φ2.5mm，用砂布清理焊丝表面的铁锈和油污。

3. 钨极

选用铈钨极，直径为 φ2.4mm，钨极端部打磨成锐锥形。

4. 保护气体

纯度≥99.7%（体积分数）的氩气。

5. 工具

砂轮机、锉刀、钢丝刷、角钢、防护服、劳保鞋、氩弧焊手套、头罩。

二、焊接操作

（1）装配与定位　将清理好的管子放置到角钢上，保证两管同心，按照表 2-10 中的尺

寸进行装配。开启焊机气阀、电源开关，检查气路和电路。调整焊接参数，定位焊采用的焊丝和焊接参数与正式焊接时相同。在12点位置进行一点定位，定位焊缝长度为10~15mm，要求焊透并且无缺陷。点固后，应将定位焊缝两端打磨成斜坡状，避免在正式打底层焊接时在接头处形成缺陷。

表2-10　装配尺寸

坡口角度	预留间隙/mm	钝边/mm	错边量/mm
60°±5°	3.5~4.5	0.5~1	≤0.5

（2）调节焊接参数　按照工艺卡的要求调节焊接参数。

（3）打底层焊接　全位置管子对接焊都是分成两个半圈进行焊接的。打底层从5点半位置附近开始引弧，先不加焊丝，待形成熔池和熔孔后，采用左焊法焊接。仰焊位置由右向左顺时针焊，焊枪的另一侧填送焊丝进入熔池，填送时焊丝适当将熔池向上推一下，使背面成形良好。打底层焊接时，要控制好熔孔直径，通常熔孔直径比间隙大0.5~1mm较为合适。向左焊达9点位置时，参照立焊操作法调整焊枪和焊丝位置，然后进行上坡焊，焊到12点位置过一小段处收弧，不要填满弧坑。焊枪以坡口间隙为中心进行横向摆动，在两侧稍作停留，使两侧熔合良好。遇到定位焊缝，焊枪垂直定位焊缝，停加焊丝，待定位焊缝端头全部熔透出现熔孔后，继续加丝进入正常焊接。

焊好半圈焊缝后，焊工转身180°，即站在管子另一侧，仍采用左焊法顺时针（焊工面对时钟）焊后半圈。从前半圈焊缝的端头附近（约6点位置）焊缝上引弧，引弧后不加焊丝，待焊缝端头全部熔化并形成熔孔后，开始加焊丝；然后按与前半圈相同的焊法，焊到前半圈焊缝的弧坑处，少加焊丝，待前半圈焊缝弧坑全部熔化，再焊过一小段焊缝后收弧。

若工作环境条件不允许焊工转身时，则焊工必须按逆时针方向由左向右焊。这时最好有能熟练掌握左手提焊枪右手拿焊丝的焊工，参照与前半圈对称焊的方法，焊接另半圈焊缝。同样要注意焊缝的端头和收弧的技术要领。

对于能焊逆时针短焊缝的焊工，左手握焊枪右手拿焊丝，可以从6点位置附近始焊，逆时针由左向右焊，焊到4点位置停弧；然后改用右手握焊枪，左手拿焊丝，继续从4点向上焊，直到焊过前半圈焊缝弧坑一小段处收弧。

采用右手握焊枪，左手拿焊丝进行由左向右逆时针焊时，从6点位置附近引弧，先不加焊丝，待前半圈焊缝端头全部熔化形成熔孔后，从熔池后沿由左向右加入焊丝，当焊丝端部熔化，形成小熔滴，立即送入熔池。逆时针向右焊到4点位置附近改变焊枪角度和焊丝位置，焊丝改从熔池前沿送入熔池。然后从4点位置焊到12点位置，焊好尾接尾的焊缝接头后收弧。

（4）填充层焊接　填充层焊接电流可增大一点，焊枪摆动幅度应增大一点，其他的焊接操作方法同打底层。焊后填充层焊缝要低于管子表面0.5~1mm，若发现有局部焊缝高凸，要用砂轮机磨平。

（5）盖面层焊接　盖面层焊接时焊枪摆动幅度更大一些，要使熔池能熔化坡口两侧0.5~1mm。焊缝外形整齐，焊缝余高达0~2mm。

（6）焊后清理　焊接结束后，用钢丝刷清理焊缝表面及周围的氧化皮和飞溅。

（7）焊后外观检验　按照表2-11进行焊后外观检验。

表 2-11　φ60mm×5mm 低合金钢管水平固定位置的钨极氩弧焊评分标准（满分 50 分）

检查项目	评判标准及得分	评判等级				测评数据	实得分数
		Ⅰ	Ⅱ	Ⅲ	Ⅳ		
焊缝余高	尺寸标准/mm	0~2	>2~3	>3~4	<0 或>4		
	得分标准	6 分	4 分	2 分	0 分		
焊缝高度差	尺寸标准/mm	≤1	>1~2	>2~3	>3		
	得分标准	6 分	4 分	2 分	0 分		
焊缝宽度	尺寸标准/mm	11~12.5	>12.5~14	>14~16	<11 或>16		
	得分标准	4 分	2 分	1 分	0 分		
焊缝宽度差	尺寸标准/mm	≤1.5	>1.5~2	>2~3	>3		
	得分标准	6 分	4 分	2 分	0 分		
咬边	尺寸标准/mm	无咬边	深度≤0.5		深度>0.5		
	得分标准	8 分	每 2mm 扣 1 分		0 分		
正面成形	标准	优	良	中	差		
	得分标准	5 分	3 分	1 分	0 分		
背面成形	标准	优	良	中	差		
	得分标准	5 分	3 分	1 分	0 分		
背面余高	尺寸标准/mm	0~2	>2~3	>3~4	<0 或>4		
	得分标准	5 分	3 分	1 分	0 分		
背面余高差	尺寸标准/mm	≤1	>1~2	>2~3	>3		
	得分标准	5 分	3 分	1 分	0 分		
外观缺陷记录							

焊缝外观（正、背）成形评判标准①

优	良	中	差
成形美观，焊缝均匀、细密，高低、宽窄一致	成形较好，焊缝均匀、平整	成形尚可，焊缝平直	焊缝弯曲，高低、宽窄明显不均

① 焊缝正反两面有裂纹、夹渣、气孔、未熔合等缺陷或出现焊件修补、未完成，该项作 0 分处理。

复习思考题

一、选择题

1. 采用直流手工 TIG 焊时，工件接____称为直流正接，通常用于____焊接。

A. 电源的正极　　　　　　　　B. 电源的负极

C. 小直径管及薄板　　　　　　D. 大直径管及厚板

2. TIG 焊不采取接触短路引弧的原因是____。

A. 钨极严重烧损且易在焊缝中引起夹钨缺陷

B. 有高频磁场和放射性物质

C. 由于短路电流过大引起焊机烧毁

3. 高频高压引弧法，需要 TIG 焊机的高频振荡器输出____的高频高压电，当钨极和工件距离 2mm 时，就能使电弧引燃。

    A. 2000~3000V，150~260kHz   B. 220~380V，15~26kHz

    C. 65~90V，1500~2600kHz

4. TIG 焊熄弧时，采用电流衰减的方法，其目的是____。

    A. 防止产生弧坑裂纹   B. 防止产生未焊透

    C. 防止产生凹陷

5. 焊接热影响区的大小与焊接方法有关，钨极氩弧焊的热影响区____。

    A. 比气焊的热影响区大

    B. 与手工电弧焊的热影响区一样大

    C. 比手工电弧焊和气焊的热影响区都小

6. 一台型号为 WS-400 的手工 TIG 焊机具有____条电弧静特性曲线。

    A. 两   B. 六   C. 八   D. 无数

7. 一台型号为 WSM-250 的手工 TIG 焊机，其中"250"表示____。

    A. 最大焊接电流为 250A   B. 最小焊接电流为 250A

    C. 额定焊接电流为 250A

8. 当 TIG 焊机的高频引弧器被接通后，钨极和工件之间产生高频火花并引燃电弧。若为直流焊接，则____工作。

    A. 高频引弧器立即停止   B. 高频引弧器仍然继续

    C. 高频引弧器断续

9. 当 TIG 焊机的高频引弧器被接通后，钨极和工件之间产生高频火花并引燃电弧。若为交流焊接，则高频引弧器____工作。

    A. 立即停止   B. 仍然工作   C. 断续

10. 直流分量将显著降低阴极破碎作用，影响熔化金属表面氧化膜的去除，并使电弧不稳，焊缝易出现未焊透等缺陷，因此在____时，应尽量设法消除直流分量。

    A. 交流 TIG 焊   B. 直流 TIG 焊

    C. 交流 MIG 焊   D. 直流 MIG 焊

11. 型号为 QQ-85°/150 型____手工钨极氩弧焊焊枪适合于板厚为 2~3mm 的碳钢或不锈钢的焊接。

    A. 水冷式   B. 气冷式   C. 水气混合式

12. 手工直流 TIG 焊机常见的故障之一是电弧引燃后，焊接电流不稳定。可能产生的原因是____，这些应由焊工排除。

    A. 气路堵塞或泄漏、焊枪钨极夹头未旋紧和开关接触不良等

    B. 火花塞间隙不合适或火花塞表面不洁

    C. 电磁气阀出现故障或焊接电流的电子元件烧毁

13. 当采用直流 TIG 焊时，一般为正极性接法，此时电弧中的热平衡状态是：____。

    A. 在工件端为 70%，在钨极端为 30%

    B. 在工件端为 30%、在钨极端为 70%

    C. 在工件和钨极端各为 50%

14. 手工 TIG 焊时，在钨极直径相同的条件下，允许使用电流范围最大的应是____。

    A. 直流正接   B. 直流反接   C. 交流

15. 当采用手工 TIG 焊焊接厚度为 3~6mm 的小直径合金钢管时，一般应选择____坡口。

    A. X 形   B. V 形   C. I 形   D. K 形

16. 当采用 V 形坡口用手工 TIG 焊的方法焊接碳钢、合金钢和不锈钢时，坡口角度一般应为____。

A. 60°   B. 90°   C. 30°～40°   D. 75°

17. 通常根据____来选择手工钨极氩弧焊的焊接电流。

    A. 喷嘴的直径与氩气流量   B. 喷嘴至工件的距离

    C. 工件的材质、厚度和接头的空间位置

18. 采用手工钨极氩弧焊时，钨极直径是一个比较重要的参数，因为钨极的直径决定了焊枪的结构尺寸、质量和冷却方式，直接影响焊工的劳动条件和焊接质量。因此，必须根据____选择合适的钨极直径。

    A. 工件的材质和厚度   B. 工件空间位置

    C. 电弧电压   D. 焊接电流

19. 当 TIG 焊选用 φ4mm 的铈钨棒作为电极时，电弧电压主要由弧长决定，电弧太短时，很难看清熔池，而且送丝时容易碰到钨极，使钨极受污染，加大钨极烧损，还易夹钨，故通常使弧长____钨极直径。

    A. 大于   B. 近似等于   C. 小于

20. 氩弧焊采用的电流种类和极性的选择与____有关。

    A. 所焊金属及其合金的种类

    B. 钨极的牌号及规格和焊接电流大小

    C. 工件的厚度和接头的空间位置

21. 当手工钨极氩弧焊的喷嘴直径选定后，决定保护效果的是氩气流量。当氩气流量太大时，____，保护效果不好。

    A. 喷出的气流是层流   B. 容易产生湍流

    C. 保护气流软弱无力

22. TIG 焊时，为了防止电弧热烧坏喷嘴，钨极端部应突出喷嘴以外，____的距离称为钨极伸出长度。

    A. 钨极端头至工件表面   B. 钨极端头至喷嘴端面

    C. 喷嘴端面至工件表面

23. 喷嘴端面与工件间的距离越小，保护效果越好，但能观察的范围和保护区域都较小，距离越大，保护效果越差。一般喷嘴与工件间距不大于____mm。

    A. 6   B. 12   C. 18   D. 26

24. 手工钨极氩弧焊的焊丝直径，应根据使用焊接电流的大小来选择，当使用的焊接电流为 100～200A 时，焊丝直径应选择____mm。

    A. 1.0～1.6   B. 3.0～6.0   C. 1.6～3.0

25. 手工钨极氩弧焊的左向焊法，有利于____的焊接。

    A. 小直径薄壁管   B. 厚度较大的工件

    C. 熔点较高的工件

26. 当使用手工钨极氩弧焊时，焊后要注意观察钨极颜色的变化，如果焊后钨极端部颜色发蓝，说明____。

    A. 保护效果好   B. 保护效果差

    C. 钨极已被污染

27. 如果在装配试件 TIG 焊的定位焊缝上发现裂纹、气孔等缺陷，此段定位焊缝应该____。

    A. 重熔修补   B. 保持原始状态

    C. 打磨掉重焊

28. 当采用手工 TIG 焊焊接小直径管时，如果壁厚不大于 10mm，为了防止裂纹，打底焊道的熔敷厚度不得少于____mm。

    A. 1～2   B. 2～3   C. 6～8

29. 在 TIG 焊时，如不慎使钨极与焊丝相碰，将产生很大的飞溅和烟雾；这时焊工应该____。

    A. 立即停止焊接，并打磨被污染处和磨好钨极后继续焊接

B. 电弧不能中断，继续施焊

C. 钨极与焊丝相碰处重熔修补后，继续焊接

30. ____是氩弧焊工技能评定的试件外观检验与其他焊接方法的不同之处。

A. 打底的试件不允许未焊透

B. 焊缝表面不得有咬边和凹坑

C. 焊缝表面不得有裂纹、未熔合、夹渣、气孔和焊瘤

二、判断题

1. 钨极氩弧焊时，由于有氩气可靠的保护，因此电弧不受管内空气流动和焊接场所流动空气的影响。（　　）

2. 钨极氩弧焊实质上就是利用氩气作保护介质的一种电弧焊方法。（　　）

3. 氩气瓶外表银灰色，并在瓶体上写有绿色"氩"字样。（　　）

4. 手工钨极氩弧焊适合于焊接薄件。（　　）

5. 钨极氩弧焊工应掌握外填丝和内填丝两种基本填丝的操作方法，以便在不同的焊接部位，根据实际情况选用。（　　）

6. 熔化极氩弧焊也称为金属极氩弧焊，通常用"MAG"来表示。（　　）

7. 非熔化极氩弧焊采用高熔点钨棒作为电极，在氩气层流的保护下，依靠钨棒与工件间产生的电弧热熔化焊丝和基体金属。（　　）

8. 非熔化极氩弧焊也称为钨极氩弧焊，通常以"TIG"来表示。（　　）

9. 用脉冲电流进行氩弧焊时，称为脉冲氩弧焊，通常用来焊接较厚的工件。（　　）

10. 脉冲氩弧焊时，使用的焊接电流是正弦交流电。（　　）

11. 脉冲氩弧焊时，基值电流只起维持电弧燃烧和预热母材的作用。（　　）

12. 钨极脉冲氩弧焊焊接参数选定后，熔池体积和熔深基本上不受焊件厚度的影响，这是区别于普通氩弧焊的一个重要特点。（　　）

13. 熔化极脉冲氩弧焊的焊接电流分成基值电流和脉冲电流两部分。（　　）

14. 氩气是惰性气体，高温下不分解，所以能在焊缝中形成氩气孔。（　　）

15. 氩气是单原子气体，高温下无二次吸放热分解反应，导电能力强以及氩气流产生的压缩效应和冷却作用，使电弧热量集中，温度高。（　　）

16. 与焊条电弧焊相比，氩弧焊热量集中，从喷嘴中喷出的氩气有冷却作用，因此热影响区窄，焊件变形小。（　　）

17. 由于手工钨极氩弧焊有氩气保护，无熔渣，故焊缝不会产生夹渣缺陷。（　　）

18. 钨极氩弧焊可以焊接碳钢、合金钢和不锈钢，但不能焊接铝、铜等有色金属。（　　）

19. 当焊接全位置受压管时，为了获得单面焊双面成形的焊缝，最好选择脉冲钨极氩弧焊，而不是一般的钨极氩弧焊。（　　）

20. 焊条电弧焊产生的紫外线是手工钨极氩弧焊产生的紫外线的5~10倍，故手工钨极氩弧焊对焊工危害不大。（　　）

项目三

6mm 不锈钢板平对接位置的钨极氩弧焊

项目概述

"6mm 不锈钢板平对接位置的钨极氩弧焊"项目对应于 TSG Z6002—2010《特种设备焊接操作人员考核细则》中的项目代号为 GTAW-Fe IV-1G-6-FefS-02/10/12。GTAW 表示钨极氩弧焊；Fe IV 表示材料类别，不锈钢属于 Fe IV 类材料；1G 表示平焊位置；6 表示焊缝金属厚度；FefS 表示填充金属是钢焊丝；02 表示焊丝为实心焊丝，10 表示焊缝背面有气体保护，12 表示电源种类和极性为直流正接。相对于"6mm 低碳钢板平对接位置的钨极氩弧焊"（GTAW-Fe I-1G-6-FefS-02/11/12），被焊材料由低碳钢改为不锈钢。不锈钢在高温下比低碳钢更容易被氧化，因此，为了防止焊缝被氧化，焊接不锈钢时通常需要加气体保护装置。通过该项目的学习和训练，使学生能够根据不同情况设置合适的气体保护装置，并能正确地进行 6mm 不锈钢板平对接位置的钨极氩弧焊。

任务 1　6mm 不锈钢板平对接打底层焊接

学习目标

1. 掌握不锈钢焊接的特点。
2. 针对易氧化金属板对接焊接设计合适的保护装置。
3. 正确选择 6mm 不锈钢板平对接打底层焊接参数。
4. 完成打底层焊接并掌握 6mm 不锈钢板平对接打底层焊接操作要领。
5. 掌握 6mm 不锈钢板平对接打底层焊接常见缺陷及防止措施。

必备知识

一、拖罩保护

不锈钢及钛、锆等活泼性金属的焊接需要保护并冷却到 316℃（钛）和 200℃（锆）以下，以免焊缝金属氧化。这是因为在 650℃以上钛能溶解空气中的氧和氮，在 400℃以上锆能迅速和空气中的氧和氮化合。为了隔绝氧气和氮气，用于保护的惰性气体不仅要覆盖住焊接区，也要覆盖住已经凝固的高温焊缝区，直至冷却到 316℃（钛）和 200℃（锆）以下。

图 3-1 所示为喷嘴与拖罩的结构。拖罩是用一片厚度为 1mm 左右的纯铜板制成的外罩，由进气管 3 通入氩气，经过设有一排小孔的分流管 4 喷出，再通过几层铜丝网 6，使气体呈均匀的层流状态，保护熔池和焊缝过热区。在制作拖罩时，要尽可能将拖罩内的转角处做成圆滑过渡，让气流通畅。拖罩是通过卡子 2 固定在焊枪上部的，随焊枪移动，以便保护刚刚焊完的高温区域。图 3-2 所示为钛板对接拖罩保护示意图。

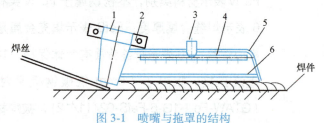

图 3-1　喷嘴与拖罩的结构

1—喷嘴　2—卡子　3—进气管　4—气流分布管
5—拖罩　6—铜丝网

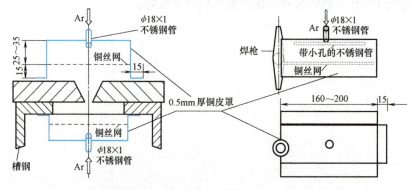

图 3-2　钛板对接拖罩保护示意图

二、背面保护

（1）平板背面保护　在焊接过程中，焊缝背面金属的温度也会达到或超过氧化的最低温度，因此，也必须有一种保护装置，如图3-3所示。背面保护装置不必制成移动式的，只要能有效地保护焊缝及附近高温区即可。

（2）管对接背面保护　对于不同材料的管子，要根据实际情况确定是否需要背面保护。一般碳钢管子不需要进行保护；对于不锈钢，为了防止氧化，需要在管子内部充氩气进行保护。为了节省氩气，也可预先在管内贴上水溶性纸，如图3-4所示。

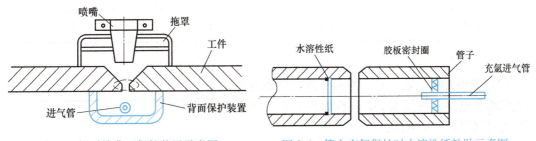

图3-3　板对接背面保护装置示意图　　　　图3-4　管内充氩保护时水溶性纸粘贴示意图

任务实施（6mm不锈钢板平对接打底层焊接）

一、焊前准备

1. 试件

试件选用牌号为06Cr19Ni10（相当于美国牌号304）的不锈钢板，尺寸为300mm×125mm×6mm，两块，用机械加工方法开单边30°±2.5°坡口，如图3-5所示，用砂轮机或锉刀清理坡口两侧20mm内的铁锈和油污，直至露出金属光泽。为了防止烧穿，打磨0.5~1mm的钝边。

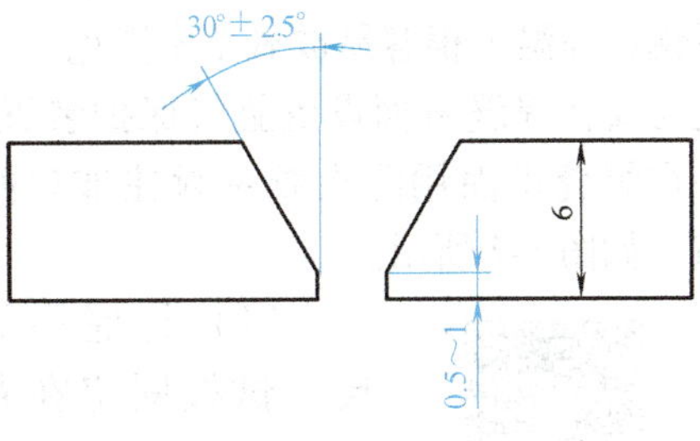

图3-5　坡口面角度和钝边

2. 焊材

焊材选用型号为S308（曾用型号ER308）的不锈钢焊丝，直径为ϕ2.5mm，用砂布清理焊丝表面的油污。

3. 钨极

选择铈钨极，直径为ϕ2.4mm，钨极端部打磨成锐锥形。

4. 保护气体

纯度≥99.7%（体积分数）的氩气。

5. 工具

防火胶带、砂轮机、锉刀、钢丝刷、角钢、防护服、劳保鞋、氩弧焊手套、头罩。

6mm 不锈钢板
平对接装配与
定位操作微课

二、焊接操作

（1）装配与定位　不锈钢装配定位应采用背面气体保护装置，坡口间隙控制为2.5~3.5mm，在坡口内侧两端进行点焊定位，定位焊缝长度为10~15mm，具体见表3-1，要求焊透并且无缺陷。定位后，适当预留反变形角度并将定位焊缝两端打磨成斜坡状，避免在正式打底层焊接时在接头处形成缺陷。

表3-1　装配尺寸

坡口角度	预留间隙/mm	钝边/mm	错边量/mm
60°±5°	2.5~3.5	0.5~1	≤0.5

（2）调整焊接参数　开启焊机气阀、电源开关，检查气路和电路。按照表3-2调整焊接参数，图3-6所示为打底层焊缝示意图。

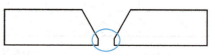

图3-6　打底层焊缝示意图

表3-2　打底层焊接参数

焊接层	焊丝直径/mm	钨极直径/mm	钨极伸出长度/mm	焊接电流/A	电弧电压/V	氩气流量/(L/min)
打底层	2.5	2.4	6	90~110	11~13	8~10

（3）设置背面氩气保护装置　不锈钢在高温下很容易被氧化成黑色，因此需要在焊缝背面设置氩气保护装置，并在焊缝正面用防火胶带封住坡口间隙，如图3-7所示。

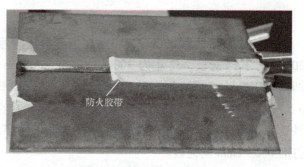

防火胶带

图3-7　用防火胶带封住焊缝正面

6mm 不锈钢
板平对接打底层
焊接操作微课

（4）打底层焊接　试板固定在背面保护装置上，打开背气保护，在定位焊位置的坡口内引弧，待坡口内侧点焊处呈熔融状态、坡口形成小熔孔时开始加焊丝进行焊接。焊接过程中焊枪移动要平稳匀速，在坡口两侧适当摆动。施焊过程中焊枪与坡口的角度为70°~80°，焊丝与坡口的角度为20°~30°。焊接时焊丝的填充点和焊枪钨极端头的移动要保持均匀一致，填丝动作要轻巧熟练。接头时，要从前道焊缝2~3mm处引弧，保证接头处开始熔化形成熔池和熔孔后才填丝焊接，以保证接头质量和背面焊缝的成形。图3-8和图3-9所示分别为打底层焊缝正面、背面高度及形状。

（5）焊后清理　打底层焊接结束后，用钢丝刷清理焊缝表面及周围的氧化皮和飞溅。

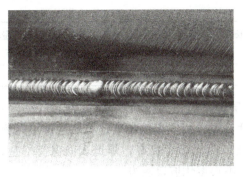

图 3-8　打底层焊缝正面高度及形状

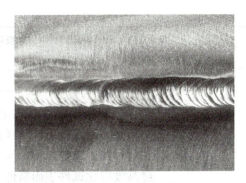

图 3-9　打底层焊缝背面高度及形状

任务 2　6mm 不锈钢板平对接填充层焊接

学习目标

1. 正确选择 6mm 不锈钢板平对接填充层焊接参数。
2. 完成填充层焊接并掌握 6mm 不锈钢板平对接填充层焊接操作要领。
3. 掌握 6mm 不锈钢板平对接填充层焊接常见的缺陷及防止措施。

任务实施（6mm 不锈钢板平对接填充层焊接）

一、焊前准备

1. 试件

项目三任务 1 中已完成打底层焊接的试件。

2. 焊材

焊材选用型号为 S308 的不锈钢焊丝，直径为 ϕ2.5mm，用砂布清理焊丝表面的油污。

3. 钨极

选择铈钨极，直径为 ϕ2.4mm，钨极端部打磨成锐锥形。

4. 保护气体

纯度≥99.7%（体积分数）的氩气。

5. 工具

砂轮机、锉刀、钢丝刷、防护服、劳保鞋、氩弧焊手套、头罩。

二、焊接操作

（1）清理焊件　用钢丝刷清理打底层焊缝表面的氧化皮、飞溅。如果焊缝表面有凹凸不平，可用角磨机打磨至平整。

（2）调整焊接参数　开启焊机气阀、电源开关，检查气路和电路，按照表 3-3 调整焊接参数。图 3-10 所示为填充层焊缝示意图。

表 3-3 填充层焊接参数

焊接层	焊丝直径/mm	钨极直径/mm	钨极伸出长度/mm	焊接电流/A	电弧电压/V	氩气流量/(L/min)
填充层	2.5	2.4	5	100~120	11~13	8~10

6mm 不锈钢板平对接填充层焊接操作微课

（3）填充层焊接 填充层焊接时，焊枪角度与打底层焊接时一致，适当加大焊接电流和送丝速度，焊枪横向摆动幅度比打底层焊接时增大，在坡口两侧稍作停留，保证坡口两侧熔合良好，焊道表面保持平整，焊缝高度应比试件表面略低，且不得熔化坡口棱边。

填充层焊接完成后，焊缝呈下凹状，焊缝表面与试件表面的距离为 0.5~1mm，并且不能熔化坡口棱边，如图 3-11 所示。

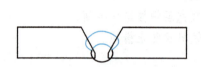

图 3-10 填充层焊缝示意图

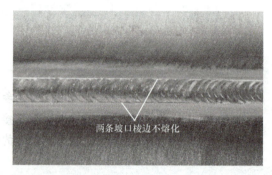

两条坡口棱边不熔化

图 3-11 填充层焊缝高度及形状

（4）焊后清理 填充层焊接结束后，用钢丝刷清理焊缝表面及周围的氧化皮和飞溅。

任务 3 6mm 不锈钢板平对接盖面层焊接

学习目标

1. 正确选择 6mm 不锈钢板平对接盖面层焊接参数。
2. 完成盖面层焊接并掌握 6mm 不锈钢板平对接盖面层焊接操作要领。
3. 掌握 6mm 不锈钢板平对接盖面层焊接常见的缺陷及防止措施。

任务实施（6mm 不锈钢板平对接盖面层焊接）

一、焊前准备

1. 试件

项目三任务 2 中已完成打底层和填充层焊接的试件。

2. 焊材

焊材选用型号为 S308 的不锈钢焊丝，直径为 $\phi2.5mm$，用砂布清理焊丝表面的油污。

3. 钨极

选择铈钨极，直径为 $\phi2.4mm$，钨极端部打磨成锐锥形。

4. 保护气体

纯度≥99.7%（体积分数）的氩气。

5. 工具

砂轮机、锉刀、钢丝刷、防护服、劳保鞋、氩弧焊手套、头罩。

二、焊接操作

（1）清理焊件 用钢丝刷清理填充层焊缝表面的氧化皮、飞溅。如果焊缝表面有凹凸不平，可用角磨机打磨至平整。

（2）调整焊接参数 开启焊机气阀、电源开关，检查气路和电路。按照表 3-4 调整焊接参数，图 3-12 所示为盖面层焊缝示意图。

表 3-4 盖面层焊接参数

焊接层	焊丝直径/mm	钨极直径/mm	钨极伸出长度/mm	焊接电流/A	电弧电压/V	氩气流量/（L/min）
盖面层	2.5	2.4	4	100~120	11~13	8~10

（3）盖面层焊接 加大焊枪横向摆动幅度，保证熔池两侧均超过坡口棱边 0.5~1.5mm，送丝应及时到位，以保证焊缝余高及焊缝两侧不出现咬边。焊后盖面层焊缝高度及形状如图 3-13 所示。

6mm 不锈钢板平对接盖面层焊接操作微课

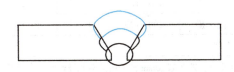

图 3-12 盖面层焊缝示意图

图 3-13 盖面层焊缝高度及形状

（4）焊后清理 盖面层焊接结束后，用钢丝刷清理焊缝表面及周围的氧化皮和飞溅。

任务 4 6mm 不锈钢板对接平焊

学习目标

1. 正确选择 6mm 不锈钢板平对接焊接参数。

2. 完成板对接平焊并总结 6mm 不锈钢板平对接焊接操作要领。

3. 归纳 6mm 不锈钢板平对接焊接常见的缺陷及防止措施。

必备知识

6mm 不锈钢板平对接焊接工艺卡见表3-5。

表 3-5　6mm 不锈钢板平对接焊接工艺卡

考试项目	6mm 不锈钢板平对接焊接		
项目代号	GTAW-Fe Ⅳ-1G-6-FefS-02/10/12	考试标准	TSG Z6002—2010
焊接方法	GTAW（钨极氩弧焊）		
试件材质、规格	06Cr19Ni10, 300mm×125mm×6mm		
焊材牌号、规格	S308, φ2.5mm		
保护气体及流量	氩气, 8~10L/min		
焊接接头	对接接头		
焊接位置	平焊（1G）		
其他	背面气保护（Ar）		

预热		焊后热处理	
预热温度	—	温度范围	—
层间温度	≤100℃	保温时间	—
预热方式	—	其他	—

焊接参数

焊层（道）	焊接方法	焊材		焊接电流		电弧电压/V	焊接速度/(mm/min)
		型（牌）号	直径/mm	极性	电流大小/A		
1	GTAW	S308	φ2.5	直流正接	90~110	11~13	50~80
2	GTAW	S308	φ2.5	直流正接	100~120	11~13	70~100
3	GTAW	S308	φ2.5	直流正接	100~120	11~13	70~100

施焊操作要领及注意事项

1）焊前准备：检查所要使用的工具、气体、设备等，将试板坡口及内、外两侧20mm范围内的毛刺及油污、铁锈等污物清理干净，直至露出金属光泽；修磨坡口钝边，钝边为 0.5~1mm

2）装配：不锈钢装配定位应在背面保护装置上进行，坡口间隙控制为 2.5~3.5mm，在坡口内侧两端进行点焊定位，定位焊缝长度为 10~15mm，要求焊透并且无缺陷。点固后，适当预留反变形角度并将定位焊缝两端打磨成斜坡状，避免在正式打底层焊接时在接头处形成缺陷

3）打底层焊接：试板固定在背面保护装置上，打开背气保护，在定位焊位置的坡口内引弧，待坡口内侧点焊处呈熔融状态、坡口形成小熔孔时开始加焊丝进行焊接。焊接过程中焊枪移动要平稳匀速，在坡口两侧适当摆动。施焊过程中焊枪与坡口的角度为 70°~80°，焊丝与坡口的角度为 20°~30°。焊接时焊丝的填充点和焊枪钨极端头的移动要保持均匀一致，填丝动作要轻巧熟练。接头时要从前道焊缝 2~3mm 处引弧，保证接头处开始熔化形成熔池和熔孔后才填丝焊接，以保证接头质量和背面焊缝的成形

4）填充层焊接：适当加大焊接电流和送丝速度，焊枪横向摆动幅度比打底层焊接时大，在坡口两侧稍作停留，以保证坡口两侧熔合良好，焊道表面保持平整，焊缝高度应比试件表面略低，且不得熔化坡口棱边

5）盖面层焊接：加大焊枪横向摆动幅度，保证熔池两侧均超过坡口棱边 0.5~1.5mm，送丝应及时到位，以保证焊缝余高及焊缝两侧不出现咬边

（续）

责任	姓名	资质（职称）	日期	单位盖章
编制				
审核				
批准				

任务实施（6mm不锈钢板对接平焊）

一、焊前准备

1. 试件

试件选择牌号为06Cr19Ni10的不锈钢板，尺寸为300mm×125mm×6mm，两块，用机械加工方法开单边30°±2.5°坡口，如图3-14所示。用砂轮机或锉刀清理坡口两侧20mm范围内的油污，直至露出金属光泽。为了防止烧穿，打磨0.5~1mm的钝边。

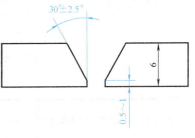

图3-14　坡口面角度和钝边

2. 焊材

焊材选择型号为S308的不锈钢焊丝，直径为$\phi2.5mm$，用砂布清理焊丝表面的油污。

3. 钨极

选择铈钨极，直径为$\phi2.4mm$，钨极端部打磨成锐锥形。

4. 保护气体

纯度≥99.7%（体积分数）的氩气。

5. 工具

防火胶带、砂轮机、锉刀、钢丝刷、防护服、劳保鞋、氩弧焊手套、头罩。

二、焊接操作

（1）焊前准备　开启焊机气阀、电源开关，检查气路和电路。

（2）装配与定位　按照工艺卡中的方法和要求进行装配和定位，注意定位焊采用的焊接参数应与打底层焊接参数一致。

（3）设置背面氩气保护　不锈钢在高温下很容易被氧化成黑色，因此需要在焊缝背面设置氩气保护装置。

（4）调节焊接参数　按照工艺卡的要求调节焊接参数。

（5）焊接操作

1）打底层的焊接。试板固定在背面保护装置上，打开背气保护，在定位焊位置的坡口内引弧，待坡口内侧点焊处呈熔融状态、坡口形成小熔孔时，开始加焊丝进行焊接。焊接过程中焊枪移动要平稳匀速，在坡口两侧适当摆动。施焊过程中焊枪与坡口的角度为70°~80°，焊丝与坡口的角度为20°~30°。焊接时焊丝的填充点和焊枪钨极端头的移动要保持均匀一致，填丝动作要轻巧熟练。接头时要从前道焊缝 2~3mm 处引弧，保证接头处开始熔化形成熔池和熔孔后才填丝焊接，以保证接头质量和背面焊缝的成形。

2）填充层的焊接。填充层焊接时，焊枪角度与打底层焊接时一致，适当加大焊接电流和送丝速度，焊枪横向摆动幅度比打底层焊接时大，在坡口两侧稍作停留，以保证坡口两侧熔合良好，焊道表面保持平整，焊缝高度应比试件表面略低，且不得熔化坡口棱边。填充层焊接完成后，焊缝呈下凹状，焊缝表面与试件表面的距离为 0.5~1mm，并且不能熔化坡口棱边。

6mm 不锈钢板平对接
焊接操作微课

3）盖面层的焊接。加大焊枪横向摆动幅度，保证熔池两侧均超过坡口棱边 0.5~1.5mm，送丝应及时到位，以保证焊缝余高及焊缝两侧不出现咬边。

（6）焊后清理　焊接结束后，用钢丝刷清理焊缝表面及周围的氧化皮和飞溅。

（7）焊后外观检验　按照表 3-6 进行焊后外观检验。

表 3-6　6mm 不锈钢板平对接钨极氩弧焊评分标准（满分 50 分）

检查项目	评判标准及得分	评判等级				测评数据	实得分数
		I	II	III	IV		
焊缝余高	尺寸标准/mm	0~2	>2~3	>3~4	<0 或>4		
	得分标准	5 分	3 分	1 分	0 分		
焊缝高度差	尺寸标准/mm	≤1	>1~2	>2~3	>3		
	得分标准	5 分	3 分	1 分	0 分		
焊缝宽度	尺寸标准/mm	10~12	>12~14	>14~16	<10 或>16		
	得分标准	5 分	3 分	1 分	0 分		
焊缝宽度差	尺寸标准/mm	≤1.5	>1.5~2	>2~3	>3		
	得分标准	5 分	3 分	1 分	0 分		
咬边	尺寸标准/mm	无咬边	深度≤0.5		深度>0.5		
	得分标准	8 分	每 2mm 扣 1 分		0 分		
正面成形	标准	优	良	中	差		
	得分标准	5 分	3 分	1 分	0 分		
背面成形	标准	优	良	中	差		
	得分标准	5 分	3 分	1 分	0 分		
背面余高	尺寸标准/mm	0~2	>2~3	>3~4	<0 或>4		
	得分标准	4 分	2 分	1 分	0 分		
背面余高差	尺寸标准/mm	≤1	>1~2	>2~3	>3		
	得分标准	4 分	2 分	1 分	0 分		
直线度	允差标准/mm	0~1	>1~2	>2~3	>3		
	得分标准	4 分	3 分	1 分	0 分		
外观缺陷记录							

（续）

检查项目	评判标准及得分	评判等级				测评数据	实得分数
		Ⅰ	Ⅱ	Ⅲ	Ⅳ		
焊缝外观（正、背）成形评判标准①							
优		良		中		差	
成形美观，焊缝均匀、细密、高低、宽窄一致		成形较好，焊缝均匀、平整		成形尚可，焊缝平直		焊缝弯曲，高低、宽窄明显不均	

① 焊缝正反两面有裂纹、夹渣、气孔、未熔合等缺陷或出现焊件修补、未完成，该项作 0 分处理。

案例　φ38mm × 6mm 不锈钢管 45°固定位置的钨极氩弧焊

学习目标

1. 正确选择不锈钢管 45°固定焊接参数。
2. 独立完成不锈钢管 45°固定焊接并掌握其操作要领。
3. 掌握不锈钢管 45°固定焊接常见的缺陷及防止措施。

必备知识

φ38mm×6mm 不锈钢管 45°固定位置的钨极氩弧焊工艺卡见表 3-7。

表 3-7　φ38mm×6mm 不锈钢管 45°固定位置的钨极氩弧焊工艺卡

项目	φ38mm×6mm 不锈钢管 45°固定位置的钨极氩弧焊	
焊接方法	GTAW（钨极氩弧焊）	
试件材质、规格	06Cr19Ni10，φ38mm×6mm	
焊材牌号、规格	S308，φ2.0mm	
保护气体及流量	氩气，12~15L/min	
焊接接头	对接接头，V 形坡口	
焊接位置	45°固定（6G）	
其他	背面气保护（Ar）	
预热		焊后热处理
预热温度	—	温度范围 —
层间温度	—	保温时间 —
预热方式	—	其他 —
焊接参数		

（续）

焊层（道）	焊接方法	焊材		焊接电流		电弧电压/ V	焊接速度/ （mm/min）
		型（牌）号	直径/mm	极性	电流大小/A		
1	GTAW	S308	φ2.0	直流正接	90~110	12~14	90~150
2	GTAW	S308	φ2.0	直流正接	110~130	12~14	90~150
3	GTAW	S308	φ2.0	直流正接	110~130	12~14	90~150

施焊操作要领及注意事项

（1）焊前准备

1）焊前检查：检查所要使用的焊机、工具、气体等是否完好、齐全

2）坡口打磨及清理：用砂轮机、钢丝刷等把试件坡口及两侧（里外口两面）20mm 范围内的油污、锈迹等清理干净

（2）装配定位

1）试件做好背面保护：将背面氩气保护装置放入试件一头，用防火胶带封上间隙，再用防火胶带把试件一头封上，另一头预留 2~3 个排气孔（排气孔的作用是在焊接过程中冲入的氩气可及时排出，这样在焊接过程中不会因为管内气体排不出而形成气流对冲，出现熔池不下沉、背面不成形等情况，尤其是在打底层焊接最后收弧时）

2）根据坡口进行装配：将清理好的试件放入试件夹具内，调整好试件位置和坡口间距（采用 φ2.0mm 的焊丝，间隙一般预留 2~3mm）。采用 S308 焊丝进行定位焊（定位焊前先开背气保护，φ38mm×6mm 试件通常定位两点，第三点作为焊接起弧点）

（3）正式焊接

1）打底层焊接：按要求位置固定（通常定位点焊的两点位于时钟 10 点和 2 点位置）后，打开背面氩气保护，进行正式焊接（焊接一般从时钟 6 点位置起弧，先顺时针焊接到时钟 12 点位置，再逆时针从 6 点位置焊接到 12 点位置）。采用工艺卡中的参数，引弧后待熔池完全打开，形成细小熔孔后开始加焊丝，焊枪与坡口的角度为 70°~90°，焊丝与坡口的角度为 10°~30°；焊接时焊丝的填充点和焊枪钨极端头的移动要保持均匀一致，焊枪钨极在坡口上下两侧移动形成小熔孔时焊丝要填入熔孔（在 6G 位置，熔池因为自重会向下流动，因此在焊接填丝过程中要在坡口上侧多加点，下侧少加点，这样能保证焊缝里外口成形均匀、平整）；焊接速度要随熔池温度的变化而适当加快；接头时要从前道焊缝 2~3mm 处引弧，向前待熔池在前道焊缝收弧处打开时适量填充焊丝（这样能保证焊缝里外口与前道焊缝余高和宽度基本一致），完成接头后开始正常焊接；打底层焊接最后收弧时，焊接到接头处填丝，待熔池有下沉后加些焊丝，向前覆盖到前焊道上收弧

2）填充层焊接：焊接方法同打底层焊接，同样随着焊枪钨极摆动上下填丝，同样坡口上侧多加点，坡口下侧少加点，填充时注意不要破坏坡口棱边，填充层高度一般低于母材表面 2mm

3）盖面层焊接：焊接方法同打底层焊接，填丝方法也相同，焊接过程中随着焊枪钨极摆动，观察坡口熔化情况并填丝，不要在同一个点停留时间过长，以保证焊缝余高和焊缝宽度一致

责任	姓名	资质（职称）	日期	
编制				单位盖章
审核				
批准				

任务实施

一、焊前准备

1. 试件

试件选择牌号为 06Cr19Ni10（相当于美国牌号 304）的不锈钢管，尺寸为 φ38mm×6mm×100mm，两根，用机械加工方法开单边 30°±2.5° 坡口，用砂轮机或锉刀清理坡口两侧

20mm 内的油污和铁锈，直至露出金属光泽。为了防止烧穿，打磨 0.5~1mm 的钝边，如图 3-15 所示。

2. 焊材

焊材选择型号为 S308 的不锈钢焊丝，直径为 φ2.0mm，用砂布清理焊丝表面的油污。

3. 钨极

选择铈钨极，直径为 φ2.4mm，钨极端部打磨成锐锥形。

4. 保护气体

纯度≥99.7%（体积分数）的氩气。

5. 工具

防火胶带、砂轮机、锉刀、钢丝刷、角钢、防护服、劳保鞋、氩弧焊手套、头罩。

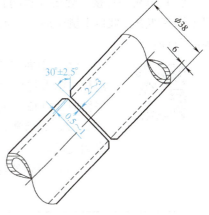

图 3-15　45°固定管对接钝边和间隙

二、焊接操作

（1）设置背面氩气保护　将背面氩气保护装置放入试件一头，用防火胶带封上间隙，再用防火胶带把另一个试件一头封上，预留 2~3 个排气孔（排气孔的作用是在焊接过程中冲入的氩气可及时排出，这样在焊接过程中不会因为管内气体排不出而形成气流对冲，出现熔池不下沉、背面不成形等情况，尤其是在打底层焊接最后收弧时）。

背面氩气保护设置操作微课

（2）装配与定位　将管子放置到角钢上，保证两管同心，按照表 3-8 中的装配尺寸进行装配。开启焊机气阀、电源开关，检查气路和电路。调整焊接参数，定位焊采用的焊丝和焊接参数与正式焊接时相同。在时钟 10 点和 2 点位置进行两点定位，定位焊缝长度为 10mm，要求焊透并且无缺陷。点固后，应将定位焊缝两端打磨成斜坡状，避免在正式打底层焊接时在接头处形成缺陷。

表 3-8　装配尺寸

坡口角度	预留间隙/mm	钝边/mm	错边量/mm
60°±5°	2.0~3.0	0.5~1	≤0.5

（3）调节焊接参数　按照工艺卡的要求调节焊接参数。

（4）打底层焊接　按要求位置固定（通常定位点焊的两点位于时钟 10 点和 2 点位置）后，打开背面氩气保护，进行正式焊接（焊接一般从时钟 6 点位置起弧，先顺时针焊接到时钟 12 点位置，再逆时针从 6 点位置焊接到 12 点位置）。采用工艺卡中的参数，引弧后待熔池完全打开，形成细小熔孔后开始填充焊丝，焊枪与坡口的角度为 70°~90°，焊丝与坡口的角度为 10°~30°；焊接时焊丝的填充点和焊枪钨极端头的移动要保持均匀一致，焊枪钨极在坡口上下两侧移动形成小熔孔时焊丝要填入熔孔（在 6G 位置，熔池因为自重会向下流动，因此在填丝过程中要在坡口上侧多加点，下侧少加点，这样能保证焊缝里外口成形均匀、平整），焊接速度要随熔池温度的变化而适当加快；接头时要从前道焊缝 2~3mm 处引弧，向前待熔池在前道焊缝收弧处打开时适量填充焊丝（这样能保证焊缝里外口与前道焊缝余高和宽度基本一致），完成接头后开始正常焊接；打底层焊接最后收弧时，焊接到接口处填丝，待熔池有下沉后加些焊丝，向前覆盖到前焊道上收弧。

（5）填充层焊接 焊接方法同打底层焊接，同样随着焊枪钨极摆动上下填丝，同样坡口上侧多加点，坡口下侧少加点，填充时注意不要熔掉坡口棱边，填充层高度一般低于母材表面 2mm。

φ38mm×6mm 不锈钢管 45°固定位置焊接操作微课

（6）盖面层焊接 焊接方法同打底层焊接，填丝方法也相同，焊接过程中随着焊枪钨极摆动，观察坡口熔化情况并填丝，不要在同一个点停留时间过长，保证焊缝余高和焊缝宽度一致。

（7）焊后清理 焊接结束后，用钢丝刷清理焊缝表面及周围的氧化皮和飞溅。

（8）焊后外观检验 按照表 3-9 进行焊后外观检验。

表 3-9 φ38mm×6mm 不锈钢管 45°固定位置的钨极氩弧焊评分标准（满分 50 分）

检查项目	评判标准及得分	评判等级				测评数据	实得分数
		I	II	III	IV		
焊缝余高	尺寸标准/mm	0~2	>2~3	>3~4	<0 或>4		
	得分标准	6分	4分	2分	0分		
焊缝高度差	尺寸标准/mm	≤1	>1~2	>2~3	>3		
	得分标准	6分	4分	2分	0分		
焊缝宽度	尺寸标准/mm	11~12.5	>12.5~14	>14~16	<11 或>16		
	得分标准	4分	2分	1分	0分		
焊缝宽度差	尺寸标准/mm	≤1.5	>1.5~2	>2~3	>3		
	得分标准	6分	4分	2分	0分		
咬边	尺寸标准/mm	无咬边	深度≤0.5		深度>0.5		
	得分标准	8分	每2mm扣1分		0分		
正面成形	标准	优	良	中	差		
	得分标准	5分	3分	1分	0分		
背面成形	标准	优	良	中	差		
	得分标准	5分	3分	1分	0分		
背面余高	尺寸标准/mm	0~2	>2~3	>3~4	<0 或>4		
	得分标准	5分	3分	1分	0分		
背面余高差	尺寸标准/mm	≤1	>1~2	>2~3	>3		
	得分标准	5分	3分	1分	0分		
外观缺陷记录							

焊缝外观（正、背）成形评判标准[1]

优	良	中	差
成形美观，焊缝均匀、细密，高低、宽窄一致	成形较好，焊缝均匀、平整	成形尚可，焊缝平直	焊缝弯曲，高低、宽窄明显不均

[1] 焊缝正反两面有裂纹、夹渣、气孔、未熔合等缺陷或出现焊件修补、未完成，该项作 0 分处理。

复习思考题

一、选择题

1. 手工钨极氩弧焊接头质量虽然很高，但生产率低，所以在生产中工件常用手工钨极氩弧焊作____。

  A. 填充焊   B. 封底焊   C. 打底焊

2. 手工钨极氩弧焊的气体保护效果可通过焊接区正反面的表面颜色大致评定。例如，当不锈钢工件焊接区颜色呈银白色或金黄色时，保护效果____；若为黑色，则保护效果____。

  A. 最坏   B. 不良   C. 较好   D. 最好

3. 钨极氩弧焊时，电极发射电子的主要形式是____。

  A. 热发射和强电场发射   B. 热发射和光发射

  C. 光发射和撞击发射

4. 气体的电离电位是____脱离原子核的作用而电离所需的最小能量。

  A. 使气体原子的外层电子   B. 使气体原子的内层电子

  C. 使气体原子的所有电子

5. 阳极在电弧中的作用是____。

  A. 发射电子   B. 放出正离子

  C. 排斥弧柱中的正离子，接受由阴极发射的电子

6. 钨极氩弧焊时，弧柱中心的温度可达____。

  A. 3200K   B. 6000K   C. 10000K 以上

7. 氩气的特性是无色，无味，____。

  A. 单原子惰性气体，常温下与其他物质不起化学作用，高温时不溶于液态金属

  B. 化学性质活泼，可和自然界中任何元素化合，不自燃但助燃

  C. 高温时易分解，具有强烈的氧化作用

8. 手工钨极氩弧焊焊接钢铁材料时，氩气的纯度不得低于____。

  A. 99.7%   B. 99.9%   C. 99.99%

9. 手工钨极氩弧焊要求电源具有____。

  A. 上升外特性   B. 平外特性   C. 下降外特性

10. WSE-500 型交直流氩弧焊机，其牌号"W"表示____焊机。

  A. TIG   B. MAG   C. MIG

11. 电站锅炉常用钢材采用手工钨极氩弧焊时，一般用____电源。

  A. 直流反接   B. 直流正接   C. 直流正反接

12. 在钨棒中加入钍、铈的目的是提高钨棒的____。

  A. 硬度   B. 电子发射能力 C. 熔点

13. 钨极锥体端部____，易使电弧形成伞形且钨极严重烧损。

  A. 直径大   B. 直径小   C. 很尖锐

14. 钨极氩弧焊时，同种钢材的工件所选用的焊丝____。

  A. 应考虑焊接接头的抗裂性和碳扩散

  B. 应保证焊缝的化学成分和母材相当

  C. 应保证焊缝的性能和化学成分与母材相当

15. 15CrMo 钢与 12CrMoWVTiB 钢焊接时应选用的氩弧焊丝的牌号是____。

    A. H08Mn2Si   B. H08CrMoV   C. H06Cr19Ni10

16. 10CrMo910 钢进行钨极氩弧打底焊时选用焊丝的牌号是____。

    A. H08CrMo   B. H08MnA   C. H08CrMoV

17. 焊缝中的魏氏组织，主要表现在____的焊接热影响区的过热段。

    A. 低热钢   B. 不锈钢   C. 耐热钢

18. 焊接电源和极性对相同直径的钨极的许用电流值不同，能使用较大电流的电源和极性的是____。

    A. 直流正接   B. 直流反接   C. 交流

19. 氩气流量选择的一般经验公式是：$Q=KD$，其中 D 是____。

    A. 钨棒直径   B. 氩气管内直径   C. 喷嘴孔径

20. 钨极氩弧焊时选用喷嘴孔径大小的经验公式是：$D=2d+4$，其中 d 是____。

    A. 焊丝直径   B. 钨棒直径   C. 氩气管内直径

21. 氩弧焊时喷嘴至工件的距离一般为____时操作方便，保护效果又好。

    A. 20mm 以上   B. 10mm 左右   C. 5mm 以下

22. TIG 焊接不锈钢时，当焊缝表面呈____时，表示气体保护效果最好。

    A. 蓝色   B. 黑色   C. 银白色

23. 钨极氩弧焊引弧前必须提前送气，其目的是____。

    A. 使引弧容易   B. 保护焊接区域

    C. 提高焊接生产率

24. 壁厚>10mm 的管道，钨极氩弧打底焊道的厚度____。

    A. 小于 2mm   B. 不小于 3mm   C. 不限

25. 进行钨极氩弧焊打底，焊条电弧焊盖面操作时，在打底层焊完后____。

    A. 隔一定的时间焊接次层   B. 及时焊接次层

    C. 何时焊接次层不受时间限制

26. 膜式水冷壁管子对接焊时，起弧和收弧封口和位置应选择____。

    A. 最困难位置起弧，障碍最少的地方收弧封口

    B. 障碍较少处起弧和收弧封口

    C. 无障碍处起弧，障碍较少处收弧封口

27. 氩气流量计的作用是____。

    A. 任意调整工作需要的氩气流量值   B. 启闭气路

    C. 将高压氩气降至工作压力

28. 电磁气阀的作用是____。

    A. 控制气体的流量   B. 启闭气路

    C. 提前供气，滞后停气

29. 焊缝热影响区的大小与焊接方法有关，钨极氩弧焊热影响区____。

    A. 比气焊焊缝热影响区大

    B. 与焊条电弧焊焊缝热影响区一样

    C. 比焊条电弧焊和气焊焊缝热影响区小

30. TIG 焊熄弧时，采用电流衰减方法的目的是防止产生____。

    A. 未焊透   B. 内凹   C. 弧坑裂纹

二、判断题

1. 为了保证焊缝质量，对钨极氩弧焊用焊丝要求很高，因为焊接时，氩气仅起保护作用，主要靠焊丝来完成合金化。　　　　　　　　　　　　　　　　　　　　　　　　　　　　　（　　）

2. 手工钨极氩弧焊时，焊丝的作用是填充金属形成焊缝。　　　　　　　　　　　　　（　　）

3. 手工钨极氩弧焊所采用焊丝的主要合金成分应比所焊母材稍低。　　　　　　　　　（　　）

4. H08Mn2SiA 的含义是：碳的平均质量分数为 0.08%、锰的平均质量分数为 2%、Si 的质量分数小于 1.5% 的特级优质焊丝。　　　　　　　　　　　　　　　　　　　　　　　　　（　　）

5. 不锈钢焊丝中碳的质量分数不大于 0.03% 时，用 00 表示超低碳不锈钢焊丝。　　　（　　）

6. TIG 焊接 06Cr19Ni10 不锈钢时，选用焊丝应考虑用钛元素来控制气孔和提高焊缝耐晶间腐蚀能力。　　　　　　　　　　　　　　　　　　　　　　　　　　　　　　　　（　　）

7. 奥氏体不锈钢与非奥氏体钢焊接时所选用的焊丝，应考虑焊接接头的稀释率、抗裂性和碳扩散等因素。　　　　　　　　　　　　　　　　　　　　　　　　　　　　　　　　　　（　　）

8. 氩弧焊时，钨极作为电极，起传导电流、引燃电弧和维持电弧正常燃烧和熔化后形成焊缝的作用。　　　　　　　　　　　　　　　　　　　　　　　　　　　　　　　　　　　（　　）

9. 用钍钨极代替铈钨极是因为它有以下特点：易建立电弧、电弧燃烧稳定、弧束较长、热量集中、使用寿命长、放射性极低。　　　　　　　　　　　　　　　　　　　　　　　　　　（　　）

10. TIG 焊电极牌号为 WCe20 的含义是：钨极、氧化铈的质量分数为 20%。　　　　　（　　）

11. 钨极端部形状对焊接电弧燃烧的稳定性及焊缝的成形影响不大。　　　　　　　　　（　　）

12. 当采用 TIG 焊、使用交流电时，钨极端部磨成锥台形；在使用直流电时，钨极端部应磨成半球形。　　　　　　　　　　　　　　　　　　　　　　　　　　　　　　　　　　　（　　）

13. 钨极端部的锥度对焊缝成形有影响，减小锥角可减小焊道有效宽度，增加焊缝的熔深。　（　　）

14. 氩气的密度是空气的 10 倍，是氦气的 1.4 倍，因为氩气比空气重，因此氩能在熔池上方形成较好的覆盖层。　　　　　　　　　　　　　　　　　　　　　　　　　　　　　　　（　　）

15. 按 GB/T 4842—2017《氩》规定，TIG 焊使用的氩气纯度应达到 99.99%。　　　　（　　）

16. 如果 TIG 焊的氩气纯度超标、杂质含量偏高，在焊接过程中不但影响其对熔池的保护，而且也极易产生气孔、夹渣等缺陷，并且钨极的烧损量也会增加。　　　　　　　　　　　　　（　　）

17. 氩气瓶是一种钢质圆柱形高压容器，其外表涂成灰色并注有黑色"氩"字标志字样。　（　　）

18. 如果 TIG 焊采用氦气作为保护气体，由于氦弧能量较高，对于热导率高的材料焊接和高速焊接十分有利，故焊接厚板时，应采用氦气作为保护气体。　　　　　　　　　　　　　（　　）

19. 对于 TIG 焊来说，当采用氩-氦混合气体时，应用范围很广，不但能焊不锈钢、镍-铜合金等，而且还可以焊接合金钢。　　　　　　　　　　　　　　　　　　　　　　　　　　　　（　　）

20. 对于 TIG 焊来说，当焊接热导率高的厚材料时（如铝和铜），要求选用有较高热穿透能力的氦气。　　　　　　　　　　　　　　　　　　　　　　　　　　　　　　　　　　　　（　　）

21. 手工钨极氩弧焊焊机型号为 WSM-250，其中"250"的含义是最大焊接电流为 250A。　（　　）

22. WSM-250 型手工钨极脉冲氩弧焊焊机，采用 φ1~φ3mm 铈钨极可以焊接碳钢、不锈钢、铝和镁合金等金属的薄板和中厚板。　　　　　　　　　　　　　　　　　　　　　　　　（　　）

23. 因手工钨极氩弧焊电弧的静特性与焊条电弧焊相似，故任何具有陡降外特性曲线的弧焊电源都可以作为氩弧焊电源。　　　　　　　　　　　　　　　　　　　　　　　　　　　　（　　）

24. 直流手工钨极氩弧焊电源的空载电压应是 65~80V。　　　　　　　　　　　　　　（　　）

25. 额定电流为 400A 的直流 TIG 焊电源，焊接电流的调节范围是 40~400A。　　　　（　　）

26. TIG 焊机引弧装置的高频振荡器可输出 2000~3000V、150~260kHz 的高频高压电，当接通电源后，钨极和工件相距 2mm 左右就能使电弧引燃。　　　　　　　　　　　　　　　　（　　）

27. 只有在直流 TIG 焊电源上加稳弧装置，方可保证电弧稳定燃烧。　　　　　　　　（　　）

28. 当直流 TIG 焊机的高频引弧器接通后，电极和工件之间产生高频火花，引燃电弧，则高频引弧器将继续工作至熄弧、停止工作为止。 （　　）

29. 当 TIG 焊机起动开关断开时，焊接电流衰减，同时氩气断路。 （　　）

30. 一台型号为 WSM-400 的 TIG 焊机应有无数条外特性曲线。 （　　）

项目四

3mm 铝合金薄板平对接位置的钨极氩弧焊

项目概述

　　铝及铝合金之所以不会生锈，是因为其表面有一层致密的 Al_2O_3 氧化膜，阻止了空气与铝及铝合金之间的接触。但是，在焊接时这层致密的氧化膜的存在会造成焊接缺陷，同时，厚度为 3mm 的铝合金板在焊接时容易产生变形。通过该项目的学习和训练，使学生能够独立解决以上两个问题，完成 3mm 铝合金薄板平对接位置的钨极氩弧焊。

任务1 交流钨极氩弧焊设备的安装与调试

学习目标

1. 掌握铝及铝合金的分类和牌号。
2. 掌握铝及铝合金的焊接性。
3. 能够正确安装、调试和操作交流钨极氩弧焊设备。

必备知识

一、铝及铝合金的分类及牌号

铝及铝合金由于密度小、耐蚀性和低温性能优良，在航天、航空和化学工业中得到了广泛的应用。由于铝及铝合金材料的物理性能和力学性能与钢铁材料有很大的差异，故焊接性能相对钢材有很大的不同。只有对铝及铝合金材料的性能有一定的了解，才能合理地选择焊接方法、制订合适的焊接工艺、掌握正确的操作技术。

1. 铝及铝合金的分类

根据化学成分和制造工艺的不同，铝及铝合金分类如图4-1所示。

图4-1 铝及铝合金分类

（1）纯铝 高纯铝的含铝量不低于99.999%（质量分数），主要供电子工业的导电元件和激光材料等使用。

工业纯铝中铝的质量分数不低于99%（其中主要杂质是铁和硅），可用于制作电缆、电容器、铝箔等，常用作垫片材料，很少直接用于受力元件。

（2）铝合金　在纯铝中加入各种合金元素冶炼出来的材料称为铝合金。铝合金按工艺性能特点，可分为变形铝合金和铸造铝合金两大类。

1）变形铝合金（又称为加工铝合金）。变形铝合金是单相固溶体组织，它的变形能力较好，适于锻造和压延。变形铝合金又可分为非热处理强化铝合金和热处理强化铝合金。

① 非热处理强化铝合金。主要有铝锰合金和铝镁合金等，此类铝合金都具有优良的耐蚀性能，故又称为防锈铝合金。

它主要是通过加入锰、镁等元素的固溶强化及加工硬化，提高力学性能，不能通过热处理提高其强度。

这类铝合金的特点是强度中等、具有很好的塑性和压延加工件。在铝合金材料中焊接性最好，所以是目前铝合金焊接结构中应用最广泛的一类铝合金材料。

② 热处理强化铝合金。热处理强化铝合金主要分为硬铝、超硬铝和锻铝。

这类铝合金主要是通过固溶、淬火、时效等工艺提高力学性能。

硬铝的主要成分是铝、铜、镁；超硬铝的成分则在硬铝基础上又增添了锌。这些元素可有限地固溶于铝中，形成铝基固溶体，多余元素与铝形成一系列金属间化合物。通过淬火时效热处理，可有效地控制合金元素在铝中的固溶度和化合物的弥散度，提高力学性能。硬铝和超硬铝在具有较高的强度的同时，还具有较高的塑性；主要缺点是耐蚀性较差，焊接性也随强度的提高而变差，特别是在熔焊时，产生焊接热裂纹的倾向较大。若合金中含锌量较多，则晶间腐蚀及焊接热裂纹的倾向较大。所以，这类铝合金目前在焊接结构中用得不多。近年来，我国研制出多种热处理强化铝合金，其焊接性有了很大的改善。

锻铝可以进行淬火-时效强化，在高温下具有良好的塑性，适用于制造锻件及冲压件。铝-镁-硅锻铝，强度不高，但有优良的耐蚀性，没有晶间腐蚀倾向，焊接性能良好。

2）铸造铝合金。铸造铝合金分为铝硅合金、铝铜合金、铝镁合金和铝锌合金四类，其中铝硅合金用得最多。

铸造铝合金中存在共晶组织，流动性好。所以这类合金与变形铝合金相比，最大的优点是铸造性能优良，且具有足够的强度，并有良好的耐晶间腐蚀性和耐热性，机械加工性能良好，焊接性也好。但塑性差，不宜进行压力加工。

铸造铝合金常用来制造发动机、内燃机零件等。

2. 铝及铝合金材料的牌号（代号）表示方法

（1）纯铝及变形铝合金牌号　国家标准（GB/T 3190—2020）按合金系列建立了由数字与字母组成的 4 位牌号体系。将纯铝及变形铝合金，按主要合金元素的种类分为 8 个系列。各系列的主要用途如下：

1×××系（工业纯铝）：具有优良的可加工性、耐蚀性、表面处理性和导电性，但强度较低，主要用于对强度要求不高的家庭用品、电气产品等。例如 1070A、1060 等。

2×××系（铝-铜）：具有很高的强度，但耐蚀性较差，用于腐蚀环境时，需进行耐蚀处理，多用于飞机结构。例如 2014、2A12 等。

3×××系（铝-锰）：热处理不可强化，可加工性、耐蚀性与纯铝相当，而强度有较大的提高，焊接性良好，广泛用于日用品、建筑材料等方面。例如 3003、3103 等。

4×××系（铝-硅）：具有熔点低、流动性好、耐蚀性好等优点，可用作焊接材料。例如 4A01、4043 等。

5×××系（铝-镁）：热处理不可强化，耐蚀性强，焊接性优良。通过控制镁的含量，可以获得不同强度级别的合金。含镁量低的铝合金主要用作装饰材料和制作高级器械件；含镁量中等的铝合金主要用于船舶、车辆、建筑材料；含镁量高的铝合金主要用于船舶、车辆、化工用的焊接件。例如 5A05、5B05 等。

6×××系（铝-镁-硅）：热处理可强化，耐蚀性良好，强度较高，且热加工性优良，主要用于结构件、建筑材料等。例如 6061、6A02 等。

7×××系（铝-锌）：包括铝-锌-镁-铜高强度铝合金和铝-锌-镁-铜焊接结构件用铝合金两大类。前者如 7075，后者如 7003 等。7075 在铝合金中强度最高，主要用于飞机板材与体育用品。7003 具有强度高、焊接性与淬火性优良等优点，主要用于铁道车辆的焊接结构材料，同属一类的还有 7A04、7050 等。

8×××系（其他铝合金）：8090 是典型的 8××× 系列挤压铝合金，其最大的特点是密度低、刚性好、强度高。

（2）铸造铝合金牌号　按照国家标准 GB/T 1173—2013《铸造铝合金》规定，铸造铝合金牌号表示方法如下：

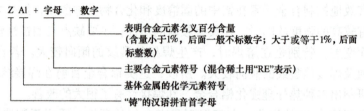

注：杂质低、性能高的优质合金，要其牌号后面加字母"A"。

例如：

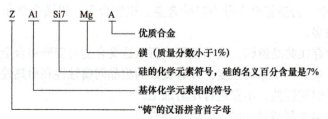

二、铝及铝合金的性能

1. 铝及铝合金的性能及应用特点

（1）铝及铝合金的物理性能　纯铝是银白色的轻金属，密度约为铁的 1/3。铝合金中加入的各种合金元素，对密度的影响不大，铝合金的密度一般为 2.5~2.88g/cm³。

铝的熔点约为 658℃，熔点与其纯度有关，随着铝纯度的提高而升高。当铝的纯度为 99.996% 时，熔点为 660.24℃。合金元素的加入使铝的熔点降低，加热熔化时无明显颜色变化。

铝的电导率高，仅次于金、银、铜，居第四位。铝及铝合金的热导率和线胀系数比铁大。

（2）铝及铝合金的化学性能　铝的化学活泼性强，极容易氧化，在室温中与空气接触时，就会在表面生成一层薄而致密并与基体金属牢固结合的三氧化二铝（Al_2O_3）薄膜。这层氧化膜对金属起保护作用，使铝及铝合金具有耐腐蚀的性能，可阻止氧向金属内部扩散，防止金属的进一步氧化，也可以防止硝酸及醋酸的腐蚀。但氧化膜在碱类和含有氯离子的盐类溶液中，可被迅速破坏而引起对铝的强烈腐蚀。铝的纯度越高，形成氧化膜的能力越强，对耐蚀性有利。随着杂质的增加，其强度增加，而塑性、导电性和耐蚀性下降。

铝的化学性能给铝及铝合金的生产工艺既带来了方便又带来了困难。在铸造过程中，无须采用特殊的防氧化措施，就可获得满意的质量，但却使铝及铝合金的焊接生产工艺过程难以进行。焊接时，要采用很多的措施来清除表面氧化膜，以保证焊接质量。

（3）铝及铝合金的力学性能　纯铝的塑性和冷、热压力加工性能都较好，但机械强度低，不能制成承受较大载荷的结构或零件。为此，可在纯铝中加入不同种类和不同数量的合金元素（如镁、锰、铜、锌、硅及稀土等）以改变其组织结构，从而提高强度并获得所需要的不同性能的铝合金，使之适宜制作各种承载结构和零件。一般情况下，随着合金元素含量的增加，铝合金的强度也随之增加，而塑性则随之下降。

冷压加工和热处理可以在很宽的范围内改变铝及铝合金的力学性能，通常用于焊接的铝及铝合金，都是经过冷压加工或热处理的。焊接时的高温，会对铝及铝合金的力学性能有所影响，对于经过热处理的铝合金，这种影响与合金元素在铝中的存在状态有关。

加入的合金元素，主要是通过以下几个途径提高铝的力学性能的。

1）固溶强化。由于高温时合金元素在铝中有较大的固溶度，且随着温度的降低而急剧减小。故铝合金经加热至某一温度淬火后，可以得到过饱和的铝基固溶体。纯铝通过加入合金元素形成铝基固溶体使其强度升高，称为固溶强化。铝镁（Al-Mg）合金和铝锰（Al-Mn）合金就是靠固溶强化来提高强度的。

2）时效强化。铝合金经固溶处理后，获得过饱和固溶体。在随后的室温放置或低温加热保温时，第二相从过饱和固溶体中缓慢析出，引起强度、硬度的提高以及物理、化学性能的显著变化，称为时效。室温放置过程中使合金产生强化的时效称为自然时效；低温加热过程中合金产生强化的时效称为人工时效。

铝合金的时效强化主要是因为过饱和铝基固溶体不稳定，有自发分解的倾向，当给予一定的温度与时间时，就会发生分解，产生析出相，强化铝合金。

焊接的高温对经时效强化的铝合金的力学性能的影响很大。用于焊接的铝合金主要有铝-镁-硅（Al-Mg-Si）、铝-铜-锰（Al-Cu-Mn）、铝-镁-钼（Al-Mg-Mo）、铝-锌-镁（Al-Zn-Mg）等。

（4）铝及铝合金的应用特点　大部分铝及铝合金的强度虽然比钢要小一些，但其密度只有钢的 1/3，因此铝及铝合金具有很高的比强度（强度与密度的比值），在同样条件下，用铝及铝合金制作构件的质量就小得多。

铝及铝合金更突出的方面是其比刚度大，超过了钢铁材料，铝合金的比刚度约为 8.5，而钢铁材料为 1。对于质量相同的构件，采用铝合金制作，可以保证得到最大的刚度。

由于铝及铝合金具有上述特性，在交通运输工业得到了越来越广泛的应用。

对于许多构件，如机车的车体外壳等，结构的失稳破坏原因不是强度不够，而是刚度不够。为发挥铝及铝合金比刚度高的优势，需要把铝及铝合金加工成不同横截面的空心型材，以供后续加工使用。

铝及铝合金的型材主要采用轧制或挤压的方法生产。挤压型材将占主导地位。

三、铝及铝合金的焊接性

所谓焊接性，是指金属材料焊接加工的适应性。主要指在一定焊接工艺条件下，获得优质焊接接头的难易程度。由于铝及铝合金所具有的独特物理性能，必须了解其焊接特点及可能出现的问题，以便采用合适的焊接方法和相应的工艺措施，以保证获得优良的焊接质量。

铝及铝合金的焊接具体有以下特点。

1. 极容易被氧化

铝和氧的化学结合力很强，在常温下表面就能被氧化，另外铝合金中所含有的一些合金元素也极易被氧化，在焊接高温条件下，氧化更加激烈，氧化生成一层极薄（厚度为0.1~0.2μm）的氧化膜（主要成分是Al_2O_3）。Al_2O_3的熔点高达2050℃，远远超过了铝及铝合金的熔点（约660℃），而且致密，它覆盖在熔池表面妨碍焊接过程的正常进行，妨碍金属之间的良好结合，容易产生未焊透缺陷。

氧化膜的密度比铝及铝合金的密度大（约为铝合金的1.4倍），不易从熔池中浮出，因而容易在焊缝中形成夹渣。

氧化膜还会吸附水分，焊接时会促使焊缝生成气孔。此外，氧化膜的电子逸出功小，容易发射电子，使电弧漂移不定。

对于铝及铝合金，焊前必须严格清除焊件焊接区表面的氧化膜。焊接过程中要有效地保护处于液态的金属，防止高温时金属进一步氧化，并且要不断地破除熔池表面或新生的氧化膜，这是铝及铝合金焊接的一个重要特点。

2. 容易产生气孔

铝及铝合金熔焊时，气孔是焊缝中另一种常见的焊接缺陷，尤其是纯铝熔焊时更容易产生气孔。

实践证明，氢是铝及铝合金熔焊时产生气孔的主要因素，即铝合金焊接时产生的主要是氢气孔。这是因为氮不溶于液态铝，铝又不含碳，因此不会产生氮气孔和一氧化碳气孔；氧与铝有很大的亲和力，它们结合后以氧化物形式存在，所以也不会产生氧气孔。

常温下，氢几乎不溶于固态铝，但在高温时能大量地溶于液态铝，所以在凝固点时其溶解发生突变，原来溶于液体中的氢几乎全部析出，其析出过程是：形成气泡→气泡长大→上浮→逸出。如果形成的气泡已经长大而来不及逸出，便形成气孔。此外，铝及铝合金的密度较小，气泡在熔池里的浮升速度很慢，且铝的导热性很强，凝固快，不利于气泡逸出，故铝及铝合金焊接时容易产生气孔。

3. 热裂纹倾向大

铝及铝合金焊接时，一般不会产生冷裂纹。实践证明，纯铝及非热处理强化铝合金焊接时，很少产生热裂纹；热处理强化铝合金和高强度铝合金焊接时，热裂纹倾向较大。热裂纹往往出现在焊缝金属中和近缝区。在焊缝金属中称为结晶裂纹，在近缝区则称为液化裂纹。

由于铝的线胀系数比钢将近大1倍，凝固时的结晶收缩又比钢大（体积收缩率达6.5%左右），因此，焊接时铝及铝合金焊件中会产生较大的热应力。另一方面，铝及铝合金高温时强度低、塑性很差（如纯铝在375℃左右时的强度不超过9.8MPa；在650℃左右的伸长率小于0.69%），当焊接内应力较大时，很容易使某些铝合金在脆性温度区间内产生热裂纹。此外，当铝合金中的杂质超过规定范围时，在熔池中将形成较多的低熔点共晶物。两者共同作用的结果是焊缝中容易出现热裂纹。因此，热裂纹是铝合金尤其是高强度铝合金焊接时最常见的严重缺陷之一。

4. 需用强热源焊接

铝及铝合金的热导率、热容量都很大，约比钢大 1 倍多（其热导率为钢的 2~4 倍）。在焊接过程中，大量的热被迅速传导到基体金属内部，因此焊接时比钢的热损耗大，需要消耗更多的热量，若要达到与钢相同的焊接速度，则焊接热输入为钢的 2~4 倍。

因此，为了获得高质量的焊接接头，必须采用能量集中、功率大的强热电源进行焊接。

5. 易烧穿和塌陷

由于铝及铝合金由固态转变为液态时，没有明显的颜色变化，在焊接过程中，操作者不容易判断熔池的温度和确定接缝的坡口是否熔化。另外，其高温强度低，焊接时常因温度过高而引起熔池金属塌陷或下漏烧穿。

6. 易变形

铝及铝合金的导热性强而热容量大，线胀系数大，焊接时容易产生变形。

7. 合金元素容易蒸发和烧损

铝合金中含有低沸点合金元素，如镁、锌、锰等，在焊接电弧高温作用下，极容易蒸发和烧损，从而改变焊缝金属的化学成分和性能。

8. 焊接热对基体金属强度的影响

铝及铝合金焊接后，基体金属受焊接热的影响，接头的强度和塑性会比母材差，这种现象称为接头不等强性。不等强性的表现，说明焊接接头发生了某种程度的软化或存在某些性能上的薄弱环节。接头性能上的薄弱环节，总的看来，可以发生在三个部位：焊缝、熔合区及热影响区。

就焊缝而言，由于是铸造组织，即使在退火状态以及焊缝成分与母材成分基本相同的条件下，焊缝的塑性一般仍不如母材。若焊缝成分不同于母材，焊缝的性能将主要取决于所选用的焊接材料。同时，焊后热处理及焊接工艺对焊缝性能也有一定的影响。另外，多层焊时，后一层焊道会使前一层焊道重熔一部分，由于没有同素异构转变，不仅看不到像钢材那样多层焊时的层间晶粒细化现象，性能也并未得到改善，还可能发生缺陷的积累，特别是在层间温度较高时，甚至可能促使层间出现热裂纹。一般来说，焊接热输入越大，焊缝性能下降的趋势也越大。

对于熔合区，非热处理强化铝合金的主要问题是晶粒粗化而塑性降低；热处理强化铝合金除晶粒粗化外，还可能因晶界液体而产生显微裂纹。所以，熔合区的变化主要是塑性恶化。

对于热影响区，无论是非热处理强化的铝合金或热处理强化的铝合金，主要表现为强化效果的损失，即软化。

四、铝及铝合金焊接工艺

1. 坡口形式及尺寸

铝及铝合金钨极氩弧焊常见焊接接头和坡口形式及尺寸见表 4-1。

表 4-1 铝及铝合金钨极氩弧焊常见焊接接头和坡口形式及尺寸

接头及坡口形式		示意图	板厚 δ/mm	间隙 b/mm	钝边 p/mm	坡口角度 α/(°)
对接接头	卷边		≤2	<0.5	<2	—
	I 形坡口		1~5	0.5~2	—	—
	V 形坡口		3~5	1.5~2.5	1.5~2	60~70
			5~12	2~3	2~3	60~70
	X 形坡口		>10	1.5~3	2~4	60~70
搭接接头			<1.5	0~0.5	—	—
			1.5~3	0.5~1	—	—
角接接头	I 形坡口		<12	<1	—	—
	V 形坡口		3~5	0.8~1.5	1~1.5	50~60
			>5	1~2	1~2	50~60

（续）

接头及坡口形式		示意图	板厚 δ/mm	间隙 b/mm	钝边 p/mm	坡口角度 α/(°)
T 形接头	I 形坡口		3~5	<1	—	—
			6~10	<1.5	—	—
	K 形坡口		10~16	<1.5	1~2	60

2. 焊接参数

采用钨极氩弧焊焊接铝及铝合金时，由于阴极破碎作用能自动破坏铝及铝合金表面的氧化膜，因此，一般采用交流电源进行焊接，一方面能去除氧化膜，又能保证钨极不会过热。手工钨极交流氩弧焊焊接参数见表 4-2。

表 4-2　手工钨极交流氩弧焊焊接参数

板材厚度/ mm	焊丝直径/ mm	钨极直径/ mm	预热温度/ ℃	焊接电流/ A	氩气流量/ (L/min)	喷嘴孔径/ mm	焊接层数 (正面/反面)
1	1.6	2	—	45~60	7~9	8	正 1
1.5	1.6~2	2	—	50~80	7~9	8	正 1
2	2~2.5	2~3		90~120	8~12	8~12	正 1
3	2~3	3	—	150~180	8~12	8~12	正 1
4	3	4		180~200	10~15	8~12	1~2/1
5	3~4	4		180~240	10~15	10~12	1~2/1
6	4	5	—	240~280	16~20	14~16	1~2/1
8	4~5	5	100	260~320	16~20	14~16	2/1
10	4~5	5	100~150	280~340	16~20	14~16	3~4/1~2
12	4~5	5~6	150~200	300~360	18~22	16~20	3~4/1~2
14	5~6	5~6	180~200	340~380	20~24	16~20	3~4/1~2
16	5~6	6	200~220	340~380	20~24	16~20	4~5/1~2
18	5~6	6	200~240	360~400	25~30	16~20	4~5/1~2
20	5~6	6	200~260	360~400	25~30	20~22	4~5/1~2
16~20	5~6	6	200~260	300~380	25~30	16~20	2~3/2~3
22~25	5~6	6~7	200~260	360~400	30~35	20~22	3~4/3~4

任务实施（交流钨极氩弧焊设备的安装与调试）

一、工作准备

1. 设备

交流钨极氩弧焊焊机1台。

2. 试板

铝合金试板1块，用钢丝刷清理表面的氧化膜，使之露出金属光泽。

3. 焊丝和保护气体

焊丝：铝合金焊丝，直径为$\phi 2.5mm$，用砂布清理焊丝表面的油污。

保护气体：99.9%（体积分数）氩气。

4. 工具

防护服、劳保鞋、氩弧焊手套、扳手、钢丝刷、焊接头罩、槽钢等。

二、安装与调试

交流钨极氩弧焊设备
安装与调试微课

1. 焊机的安装位置

1）焊机和墙壁之间的距离应大于20cm。

2）焊机不得安装在太阳光直接照射的位置。

2. 焊机的安装步骤

1）切断电源，将接地螺钉可靠接地。

2）将三相电缆线接到配电箱中，此步骤需由专门的电工完成。

3）将进气管接到后面板的保护气体进气口。

4）连接焊枪电缆至电源"－"输出端，地线一端连接至电源"～"输出端，并用地线夹夹住工件，如图4-2所示。

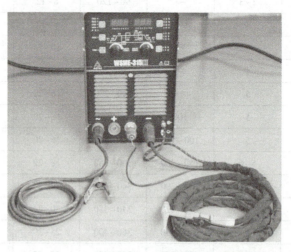

图4-2 交流电源接线示意图

5）接通电源，开机，调节焊接参数，打开气瓶阀门，调节气体流量。

6）戴好手套和头罩，开始进行试焊，通过调节焊接参数来调试焊接设备。

任务 2 3mm 铝合金薄板对接平焊

学习目标

1. 正确选择 3mm 铝合金薄板焊接参数。
2. 完成 3mm 铝合金薄板焊接并掌握操作要领。
3. 掌握 3mm 铝合金薄板焊接常见的缺陷及防止措施。

必备知识

3mm 铝合金薄板对接平焊工艺卡见表 4-3。

表 4-3 3mm 铝合金薄板对接平焊工艺卡

项目	3mm 铝合金薄板对接平焊	
焊接方法	GTAW（钨极氩弧焊）	
试件材质、规格	牌号为 5052 的铝合金，150mm×125mm×3mm	
焊材牌号、规格	牌号为 5356 的铝合金焊丝，φ2.5mm	
保护气体及流量	氩气，12~15L/min	
焊接接头及坡口形式	对接接头，I 形坡口	
焊接位置	平焊（1G）	
其他	背面无保护气	

预热		焊后热处理	
预热温度	—	温度范围	—
层间温度	—	保温时间	—
预热方式	—	其他	—

焊接参数

焊层（道）	焊接方法	焊材		焊接电流		电弧电压/V	焊接速度/(mm/min)
		型（牌）号	直径/mm	极性	电流大小/A		
1	GTAW	5356	φ2.5	交流	110~150	11~13	40~50

施焊操作要领及注意事项

1）焊前准备：用钢丝刷和铜丝软刷清理坡口两侧 20mm 范围内的氧化膜和油污

2）装配定位：根据坡口图进行装配，将清理好的试板放入试板夹具内，调整好试板位置和坡口间距。采用 5356 焊丝、110A 的电流在试板两端进行定位焊

3）正式焊接：正式焊接采用工艺卡中的参数，引弧后待熔池完全打开，形成细小熔孔后开始加焊丝，注意焊枪的角度为 80°~90°，焊丝角度为 10°~20°；焊接时焊丝的添加量和焊枪移动要保持均匀一致，控制焊缝的宽度和余高一致，焊接速度要随熔池温度的变化而加快；接头时要从前道焊缝 2~3mm 处引弧，待熔池打开后适量添加焊丝，当与前道焊缝余高和宽度一致时，完成接头，开始正常焊接；收弧时，采用断续收弧法，连续按动焊枪引弧开关，利用电弧的缓降特性控制熔池温度，适量添加焊丝，待弧坑填满完成收弧

（续）

责任	姓名	资质（职称）	日期	
编制				单位盖章
审核				
批准				

任务实施（3mm 铝合金薄板对接平焊）

一、焊前准备

1. 试件

试件选择牌号为 5052 的铝合金板，尺寸为 150mm×125mm×3mm，两块；用钢丝刷将坡口表面 20mm 范围内的氧化膜和油污清理干净。

2. 焊材

焊件选择牌号为 5356 的铝合金焊丝，直径为 ϕ2.5mm，用砂布清理焊丝表面的油污。

3. 钨极

选择铈钨极，直径为 ϕ3.0mm，钨极端部打磨成半球形。

4. 保护气体

纯度为 99.9%（体积分数）的氩气。

5. 工具

砂轮机、锉刀、钢丝刷、防护服、劳保鞋、氩弧焊手套、头罩。

二、焊接操作

3mm 铝合金薄板
平对接装配与
定位操作微课

3mm 铝合金薄板
平对接焊接
操作微课

（1）装配与定位　按照图 4-3 进行装配，可不留间隙。3mm 铝合金板属于薄板，焊接时很容易产生变形，因此设计了薄板固定装置将薄板固定，以便于焊接操作，如图 4-4 所示。

开启焊机气阀、电源开关，检查气路和电路。调整焊接参数，定位焊采用的焊丝和焊接参数与正式焊接时相同，定位焊缝长度为 10mm。

（2）调节焊接参数　按照工艺卡的要求调节焊接参数。

（3）焊接　引弧后待熔池完全打开，形成细小熔孔后开始加焊丝，注意焊枪的角度为 80°～90°，焊丝角度为 10°～20°。焊接时焊丝的添加量和焊枪移动要保持均匀一致，控制焊缝的宽度和余高一致，焊接速度要随熔池温度的变化而加快。接头时要从前道焊缝 2～3mm 处引弧，待熔池打开后适量添加焊丝，当与前道焊缝余高和宽度一致时，完成接头，然后开始正常焊接。收弧时，采用断续收弧法，连续按动焊枪引弧开关，利用电弧的缓降特性控制熔池温度，适量添加焊丝，待弧坑填满完成收弧。

（4）焊后清理　焊接结束后，用钢丝刷清理焊缝表面及周围的氧化层。

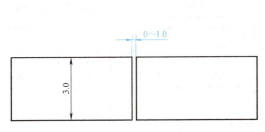

图 4-3　坡口示意图

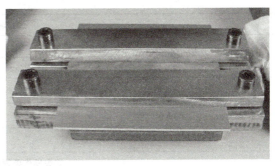

图 4-4　薄板固定装置

案例　φ80mm×5mm 铝合金管垂直固定位置的钨极氩弧焊

学习目标

1. 正确选择铝合金管垂直固定焊接参数。
2. 独立完成铝合金管垂直固定焊接并掌握其操作要领。
3. 掌握铝合金管垂直固定焊接常见的缺陷及防止措施。

必备知识

φ80mm×5mm 铝合金管垂直固定位置的钨极氩弧焊工艺卡见表 4-4。

表 4-4　φ80mm×5mm 铝合金管垂直固定位置的钨极氩弧焊工艺卡

项目	φ80mm×5mm 铝合金管垂直固定位置的钨极氩弧焊	
焊接方法	GTAW（钨极氩弧焊）	
试件材质、规格	牌号为 5052 的铝合金，φ80mm×5mm	
焊材牌号、规格	牌号为 5356 的铝合金焊丝，φ2.5mm	
保护气体及流量	氩气，18~20L/min	
焊接接头	对接	
焊接位置	2G	
其他	—	
预热		焊后热处理
预热温度	—	温度范围	—
层间温度	—	保温时间	—
预热方式	—	其他	—

（续）

焊接参数							
焊层（道）	焊接方法	焊材		焊接电流		电弧电压/ V	焊接速度/ (mm/min)
		型（牌）号	直径/mm	极性	电流大小/A		
1	GTAW	5356	φ2.5	交流	160~180	11~13	40~50
2	GTAW	5356	φ2.5	交流	150~170	11-13	50~60

施焊操作要领及注意事项

1）焊前准备：用钢丝刷和铜丝软刷清理坡口两侧 20mm 范围内的氧化膜和油污；铈钨极直径为 3.2mm，打磨成钝锥形；打磨 0.5~1mm 的钝边

2）装配定位：根据坡口图进行装配，将清理好的试件放入槽钢内，调整好试件位置，不留间隙。采用牌号为 5356 的铝合金焊丝，用 180A 的电流进行定位焊

3）正式焊接：正式焊接采用工艺卡中的参数，引弧后待熔池完全打开，形成细小熔孔后开始添加焊丝，注意焊枪的角度为 80°~90°，焊丝角度为 10°~20°；焊接时焊丝的添加量和焊枪移动要保持均匀一致，控制焊缝的宽度和余高一致，焊接速度要随熔池温度的变化而加快；接头时要从前道焊缝 2~3mm 处引弧，待熔池打开适量添加焊丝，当与前道焊缝余高和宽度一致时，完成接头开始正常焊接；收弧时，采用断续收弧法，连续按动焊枪引弧开关，利用电弧的缓降特性控制熔池温度，适量添加焊丝，待弧坑填满完成收弧

责任	姓名	资质（职称）	日期	单位盖章
编制				
审核				
批准				

任务实施

一、焊前准备

1. 试件

试件选择牌号为 5052 的铝合金管，尺寸为 φ80mm×5mm×100mm，两根，用机械加工的方法开单边 30°±2.5° 的坡口，用钢丝刷清理坡口两侧 20mm 内的油污，直至露出金属光泽。为了防止烧穿，打磨 0.5~1mm 的钝边。

2. 焊材

焊材选择牌号为 5356 的铝合金焊丝，直径为 φ2.5mm，用砂布清理焊丝表面的油污。

3. 钨极

选择铈钨极，直径为 φ3.2mm，钨极端部打磨成钝锥形。

4. 保护气体

纯度≥99.7%（体积分数）的氩气。

5. 工具

锉刀、钢丝刷、角钢、防护服、劳保鞋、氩弧焊手套、头罩。

二、焊接操作

（1）装配与定位　根据图 4-5 和表 4-5 进行装配，将清理好的试件放入槽钢内，调整好试件位置，不留间隙。采用牌号为 5356 的焊丝、180A 电流进行定位焊。在 10 点钟和 2 点钟位置进行两点定位，定位焊缝长度为 10mm，要求焊透并且无缺陷。点固后，应将定位焊缝两端打磨成斜坡状，避免在正式打底层焊接时在接头处形成缺陷。

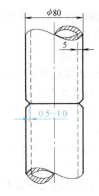

图 4-5　垂直固定管对接钝边和间隙

表 4-5　装配尺寸

坡口角度	预留间隙/mm	钝边/mm	错边量/mm
60°±5°	0	0.5~1	≤0.5

（2）调节焊接参数　按照工艺卡的要求调节焊接参数。

（3）焊接操作　正式焊接时采用工艺卡中的参数，引弧后待熔池完全打开，形成细小熔孔后开始添加焊丝，注意焊枪的角度为 80°~90°，焊丝角度为 10°~20°。焊接时焊丝的添加量和焊枪移动要保持均匀一致，控制焊缝的宽度和余高一致，焊接速度要随熔池温度的变化而加快。接头时要从前道焊缝 2~3mm 处引弧，待熔池打开适量添加焊丝，当与前道焊缝余高和宽度一致时，完成接头开始正常焊接。收弧时，采用断续收弧法，连续按动焊枪引弧开关，利用电弧的缓降特性控制熔池温度，适量添加焊丝，待弧坑填满完成收弧。

φ80mm×5mm 铝合金管垂直固定位置焊接操作微课

（4）焊后清理　焊接结束后，用钢丝刷清理焊缝表面及周围的氧化皮和飞溅。

复习思考题

一、选择题

1. 钨极氩弧焊时，产生夹钨缺陷的原因是____。

　　A. 电流过大　　　　　B. 焊速过快　　　　　C. 氩气流量过大

2. 氩弧焊时产生的夹钨按____缺陷规定处理。

　　A. 气孔　　　　　　　B. 夹渣　　　　　　　C. 裂纹

3. 氩弧焊打底过程中如发现超过标准的缺陷，应采用____方法消除缺陷。

　　A. 角向磨光机或其他机械　　　　　B. 重复熔化

　　C. 火焰切割

4. 为避免易淬火钢在热影响区出现淬火组织，焊接工艺方面较好的选择是____。

　　A. 增大电弧电压　　　B. 减少能量

　　C. 提高预热温度　　　D. 增大焊接速度

5. 氩弧焊所用的铈钨棒、钍钨棒应放在____中保存。

　　A. 纸盒　　　　　　　B. 木盒　　　　　　　C. 铅盒

6. 氩弧焊时高频电磁场的存在，对人体____。

    A. 危害很大　　　　　　　B. 有一定危害，但影响不大

    C. 没有危害

7. 氩弧焊光辐射产生的紫外线____。

    A. 比焊条电弧焊强　　　B. 与焊条电弧焊相同　　　C. 比焊条电弧焊少

8. 氩气瓶的颜色是____色。

    A. 黑　　　　　　　　　　B. 灰　　　　　　　　　　C. 蓝

9. 焊接热影响区的大小与焊接方法有关，钨极氩弧焊的热影响区____。

    A. 比气焊的热影响区大

    B. 与焊条电弧焊的热影响区一样大

    C. 比焊条电弧焊和气焊的热影响区都小

10. 中、高合金钢管钨极氩弧焊时，内壁充氩保护的目的是____。

    A. 避免产生高温氧化现象

    B. 加快底层焊道冷却

    C. 防止产生焊瘤

11. 钨极氩弧焊不采用接触引弧的原因是____。

    A. 有放射性物质　　　B. 焊缝中易夹钨　　　C. 引弧速度太慢

12. 手工钨极氩弧焊操作需要注意的事项有____。【多选题】

    A. 短弧施焊，电弧稳定

    B. 焊丝与钨极不能相碰

    C. 焊丝端头应始终处于氩气保护区内

    D. 接头与收弧应避开困难位置，全氩弧焊不得一次完成

13. 手工钨极氩弧焊的焊接参数主要是____。【多选题】

    A. 焊接电流、焊接电压　　　　　　　B. 焊接速度、焊丝直径、钨极直径

    C. 喷嘴直径、钨极伸出长度　　　　　D. 氩气流量及预热温度

14. 手工钨极氩弧焊焊接不锈钢时，焊缝表面呈____，保护效果最好。

    A. 金黄色　　　　　B. 蓝色　　　　　C. 灰色　　　　　D. 黑色

15. 手工钨极氩弧焊可以焊接____。【多选题】

    A. 碳素钢、低合金钢　　　　　　　　B. 铜、铝

    C. 镁　　　　　　　　　　　　　　　D. 钛、镍

16. 手工钨极氩弧焊时，氩气流量偏小，气流"挺度"不足，空气易于侵入熔池，易产生____现象。【多选题】

    A. 气孔　　　　　B. 氧化　　　　　C. 未焊透　　　　　D. 未熔合

17. 手工钨极氩弧焊时，焊接速度增加，则保护效果____。

    A. 增强　　　　　B. 不变　　　　　C. 减弱

18. 对于钨极氩弧焊，熄弧时应采用____法。

    A. 电流衰减　　　　　B. 回焊　　　　　C. 反复断弧

19. 钨极氩弧焊不包括的焊接参数是____。

    A. 焊接电流　　　　　B. 焊接速度　　　　　C. 焊丝伸出长度　　　　　D. 气体流量

20. 钨极氩弧焊采用____引弧。

    A. 短路　　　　　B. 高频高压　　　　　C. 敲击法　　　　　D. 划擦法

21. 钨极氩弧焊采用同一直径的钨极时，____允许使用的焊接电流最大。

    A. 直流正接　　　　　B. 直流反接　　　　　C. 交流

22. 钨极氩弧焊焊接铝、镁及其合金时，应采用____电源。

    A. 直流正接　　　　　B. 交流　　　　　　　C. 直流脉冲

23. 钨极氩弧焊焊接碳钢、合金钢、不锈钢、铜、钛及其合金时，应使用直流电源____极性。

    A. 正　　　　　　　　B. 反　　　　　　　　C. 正或反

24. 钨极氩弧焊时，氩气的流量大小取决于____。

    A. 焊件厚度　　　　　B. 焊丝直径　　　　　C. 喷嘴直径　　　　　D. 焊接速度

25. 钨极氩弧焊的稳弧装置是____。

    A. 电磁气阀　　　　　B. 高频振荡器　　　　C. 脉冲稳弧器

26. 钨极锥体端部____，易使电弧形成伞形且钨极严重烧损。

    A. 直径大　　　　　　B. 直径小　　　　　　C. 很尖锐

27. 用钨极氩弧焊焊接低碳钢时应采用____。

    A. 交流焊机　　　　　B. 直流反接　　　　　C. 直流正接　　　　　D. 无要求

二、判断题

1. 一台型号为 WSM-250 的 TIG 焊机仅有一条静特性曲线。（　　）

2. 当采用直流 TIG 焊时，工件接电源的正极称为直流正接，通常用来焊接小直径管及薄板。（　　）

3. 当采用直流 TIG 焊时，工件接电源的正极，电弧中的热平衡状态是：在工件端为 70%；在钨极端为 30%。（　　）

4. QS-85°/250 的含义是：手工钨极氩弧焊水冷式焊枪；焊枪出气角度为 85°；额定焊接电流为 250A。（　　）

5. 氩气流量调节器仅能方便地调节氩气流量，不能起到降压和稳压的作用。（　　）

6. 由 TIG 焊设备引起焊接电流不稳是常见的故障，引起的原因是：水、气路堵塞或泄漏；钨极不洁；焊枪钨极夹头未旋紧等。（　　）

7. 手工 TIG 焊时，采用相同直径的钨极，允许使用的电流范围不同。直流正接时，允许使用的电流范围最大；直流反接时，允许使用的电流范围最小；交流焊接时，许用电流介于二者之间。（　　）

8. 采用 TIG 的方法焊接小直径管，当其他焊接参数不变、焊接电流增加时，焊缝宽度和余高稍有增加，但熔深减少。（　　）

9. TIG 焊的其他焊接参数一定时，电弧电压主要由弧长决定，弧长增加，焊缝宽度增加，熔深稍有减少。（　　）

10. 采用交流 TIG 焊时，有阴极破碎作用，因为受到正离子的轰击，工件表面的氧化膜破裂，通常用来焊接不锈钢。（　　）

11. TIG 焊喷嘴直径的大小与氩气流量无关。（　　）

12. 钨极端头至喷嘴端面的距离称为钨极伸出长度，其值为 2.5~5mm 较好。（　　）

13. 在 TIG 焊的焊接过程中，焊丝与焊枪由右端向左端移动，焊接电弧指向未焊部分，焊丝位于电弧的运动前方，称为左焊法。（　　）

14. 手工钨极氩弧焊的右焊法操作简单、容易掌握，有利于小直径管和薄板的焊接，因此这种方法使用较普遍。（　　）

15. 手工钨极氩弧焊的右焊法，无法在管道上（特别是小直径管）施焊。（　　）

16. 为了保证手工 TIG 焊的质量，应注意焊后钨极颜色的变化，钨极端部出现发黑颜色，则说明保护效果好。（　　）

17. 当采用手工 TIG 焊焊接产品时，如果正式焊缝要求预热、缓冷，则定位焊缝不需要预热和焊后缓冷。（　　）

18. 如果 TIG 焊的定位焊缝上发现裂纹、气孔等缺陷，允许用重熔的办法进行修补。（　　）

19. 当采用 TIG 焊将要收弧撤回焊丝时，不允许焊丝端头急速撤出氩气保护区，以免焊丝端头被氧化，

再次焊接易产生夹渣、气孔等缺陷。 （ ）

20. TIG 焊停弧后，氩气延时 10s 左右再关闭，这是为了防止金属在高温下被氧化。 （ ）

21. 手工钨极氩弧焊与焊条电弧焊的焊后外观检验不同之处是：氩弧焊打底的焊件不允许有未焊透缺陷。 （ ）

22. 手工 TIG 焊时，填充焊丝以 15°~20° 的倾角送到熔池中心。 （ ）

23. 手工 TIG 焊直流反接时，钨极是阴极，焊件是阳极，此方法钨极温度高、消耗快、寿命短，所以很少采用。 （ ）

24. 手工钨极氩弧焊最适合焊接薄件和厚件的封底焊道。 （ ）

25. 钨极氩弧焊常用的喷嘴直径为 8~12mm。 （ ）

26. 钨极氩弧焊时，当喷嘴直径为 8~12mm 时，则合适的氩气流量应为 5~10L/min。 （ ）

27. 氩弧焊实质上是利用氩气作为保护介质的一种电弧焊方法。 （ ）

28. 氩气是惰性气体，其在高温下能分解并与焊缝金属发生化学反应。 （ ）

29. 由于氩原子可溶于熔化金属中，所以焊缝易产生氩气孔。 （ ）

30. 氩气有助于电弧燃烧。 （ ）

项目五

插入式管板的钨极氩弧焊

项目概述

　　本项目介绍插入式管板垂直固定平焊位置、垂直固定仰焊位置、水平固定位置、45°固定位置的钨极氩弧焊。其中的"插入式管板垂直固定平焊位置的钨极氩弧焊"任务，对应于 TSG Z6002—2010《特种设备焊接操作人员考核细则》中的项目代号为 GTAW-FeⅡ-2FG-12/60-FefS-02/11/12。GTAW 表示钨极氩弧焊；FeⅡ 表示材料类别，低合金钢属于 FeⅡ类材料；2FG 表示垂直固定平焊位置；12表示板的厚度，60 表示管外径；FefS 表示填充金属是钢焊丝；02 表示焊丝为实心焊丝，11 表示焊缝背面无气体保护，12 表示电源种类和极性为直流正接。通过该项目的学习和训练，使学生能够正确地进行插入式管板垂直固定平焊位置、垂直固定仰焊位置、水平固定位置、45°固定位置的钨极氩弧焊。

任务 1 插入式管板垂直固定平焊位置的钨极氩弧焊

学习目标

1. 掌握管板接头形式。
2. 正确选择插入式管板垂直固定平焊的焊接参数。
3. 完成插入式管板垂直固定平焊的操作并掌握操作要领。
4. 掌握插入式管板垂直固定平焊常见的缺陷及防止措施。

必备知识

一、管板接头形式

管板结构中，管子和孔板构成的焊接接头称为管板接头，其结构特点是板和管的厚度差异大，其次是接缝线是圆形的。管板接头根据结构不同，可分为插入式和骑坐式两种，如图5-1所示。

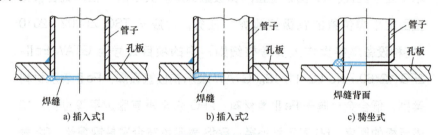

a) 插入式1　　　　　b) 插入式2　　　　　c) 骑坐式

图 5-1　管板接头

插入式管板接头只要保证焊缝焊透和一定的焊缝尺寸即可，允许存在除裂纹以外的、不大的气孔和夹渣等缺陷，技术要求低，容易掌握。骑坐式管板接头要求单面焊双面成形，技术难度高。

管板焊接的难点是焊工必须按照管子的弧度连续变动手腕，不断调整焊枪和焊丝的位置，从而获得无咬边、两边焊脚相等的焊缝。

二、管板试件的焊接位置

管板角接头试件的焊接位置及代号见表5-1，焊接位置如图5-2所示。

表 5-1　管板角接头试件的焊接位置及代号

试件类型	焊接位置	代号
管板角接头试件	水平转动	2FRG（转动）
	垂直固定平焊	2FG
	垂直固定仰焊	4FG
	水平固定	5FG
	45°固定	6FG

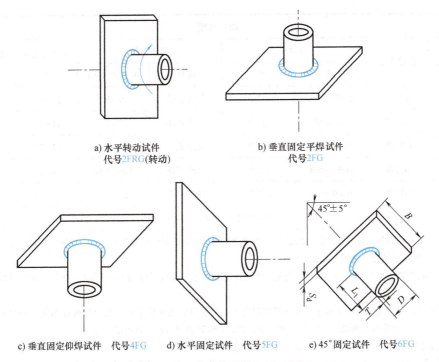

a) 水平转动试件
代号 2FRG(转动)

b) 垂直固定平焊试件
代号 2FG

c) 垂直固定仰焊试件　代号 4FG

d) 水平固定试件　代号 5FG

e) 45°固定试件　代号 6FG

图 5-2　管板角接头焊接位置示意图

三、低合金钢插入式管板垂直固定平焊工艺卡

低合金钢插入式管板垂直固定平焊工艺卡见表 5-2。

表 5-2　低合金钢插入式管板垂直固定平焊工艺卡

考试项目	插入式管板垂直固定平焊		
项目代号	GTAW-FeⅡ-2FG-12/60-FefS-02/11/12	考试标准	TSG Z6002—2010
焊接方法	GTAW（钨极氩弧焊）		
试件材质、规格	Q345，φ60mm×5mm×100mm，200mm×200mm×12mm		
焊材牌号、规格	H10MnSi，φ2.5mm		
保护气体及流量	氩气，8～12L/min		
焊接接头	管板角接头		
焊接位置	平焊（2FG）		
其他	背面无保护气		
预热		焊后热处理	
预热温度	—	温度范围	—
层间温度	≤250℃	保温时间	—
预热方式	—	其他	—

（续）

焊接参数							
焊层（道）	焊接方法	焊材		焊接电流		电弧电压/ V	焊接速度/ （mm/min）
		型（牌）号	直径/mm	极性	电流大小/A		
1	GTAW	H10MnSiA	$\phi 2.5$	直流正接	90~95	11~13	40~50
2	GTAW	H10MnSiA	$\phi 2.5$	直流正接	100~110	11~13	50~60
3	GTAW	H10MnSiA	$\phi 2.5$	直流正接	120~130	11~13	60~80
4	GTAW	H10MnSiA	$\phi 2.5$	直流正接	120~130	11~13	60~80
5	GTAW	H10MnSiA	$\phi 2.5$	直流正接	120~130	11~13	60~80

施焊操作要领及注意事项

1）焊前准备：将管件一端30mm范围内及孔板坡口内外侧20mm范围内的毛刺及油污、铁锈等清理干净，直至露出金属光泽，修磨坡口钝边，钝边为0.5~1mm

2）装配：将管件置于孔板中心，沿管子外沿均布三个定位焊点，每段长度为10~15mm，将焊点两侧磨成斜坡，以方便接头

3）打底层焊接：固定试件使孔板水平放置且坡口向上，在定位焊缝左侧引弧，待定位焊缝熔化形成熔池后，开始向左焊接，焊枪以管件与孔板坡口的顶角为中心横向摆动，保证坡口两侧的熔池成形良好

4）填充层焊接：共分3层6道，第一层与打底层焊接方法相同，注意控制温度，防止焊缝下塌。第二层与第三层采用多层多道焊方法，与横焊压道方法类似，注意每道焊缝的布置，焊缝高度要低于坡口边缘

5）盖面层焊接：共分4道，第一道熔化板侧坡口棱边，摆动幅度控制在0.5~2mm；第二道和第三道注意压道的位置及宽度；第四道既要保证焊缝的平直度，还要保证在管侧的焊脚的尺寸，因此要注意摆动幅度和填丝量的控制

责任	姓名	资质（职称）	日期	
编制				单位盖章
审核				
批准				

任务实施

一、焊前准备

1. 试件

试件采用牌号为 Q345 的低合金钢管，尺寸为 $\phi 60mm \times 5mm \times 100mm$，一根；牌号为 Q345 的低合金钢板，尺寸为 $200mm \times 200mm \times 12mm$，一块，用机械加工方法开 $45° \pm 3°$ 的单面坡口，并留出 0.5~1mm 的钝边，如图 5-3 所示；用砂轮机或锉刀清理坡口两侧 20mm 内的铁锈和油污，直至露出金属光泽。

2. 焊材

焊材采用牌号为 H10MnSi 的低合金钢焊丝，直径为 $\phi 2.5mm$，用砂布清理焊丝表面的铁锈和油污。

3. 钨极

选用铈钨极，直径为 $\phi 2.4mm$，钨极端部打磨成锐锥形。

4. 保护气体

纯度≥99.7%(体积分数)的氩气。

5. 工具

砂轮机、锉刀、钢丝刷、角钢、防护服、劳保鞋、氩弧焊手套、头罩。

二、焊接操作

(1) 装配与定位　按照图 5-3 和表 5-3 中的尺寸进行装配。开启焊机气阀、电源开关,检查气路和电路。将管件置于孔板中心,沿管子外沿均布三个定位焊点(每个点相隔 120°),每段长度为 10~15mm,将焊点两侧磨成斜坡,以方便接头。定位焊采用的焊丝和焊接参数与正式焊接时相同。

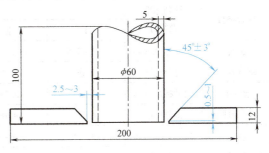

图 5-3　插入式管板坡口图

表 5-3　装配尺寸

坡口面角度	预留间隙/mm	钝边/mm
45°±3°	2.5~3	0.5~1

(2) 调节焊接参数　按照焊接工艺卡的要求调节焊接参数。

(3) 打底层焊接　固定试件使孔板水平放置且坡口向上,在定位焊缝左侧引弧,待定位焊缝熔化形成熔池后,开始向左焊接,焊枪以管件与孔板坡口的顶角为中心横向摆动,保证坡口两侧的熔池成形良好。

当焊至定位焊缝时,焊枪应在原地摆动加热,使原定位焊缝熔化,待和熔池连成一体后再送入焊丝继续向前焊接。

熔孔变大时,适当加大焊枪与孔板间的夹角,或增加焊接速度,或减小电弧在管子坡口侧的停留时间,或减小焊接电流等。当发现熔孔变小时,则采取与上述相反的措施,使熔孔变大。

收弧时,先停止送焊丝,然后断开控制开关,此时焊接电流在缩减,焊缝熔池也在逐渐缩小。

焊缝进行接头时,起弧点应在弧坑的右侧 10~20mm 处引弧,并且立即将电弧移至接头处,电弧稍作摆动加热,待接头处出现熔化后再加焊丝。当焊至焊缝首尾相连时,稍停送丝,电弧在原地不动加热,等到接头处出现熔化时再加焊丝,以保证接头处熔合良好。插入式管板垂直固定平焊打底焊时,焊枪和焊丝的角度如图 5-4 所示。

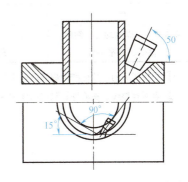

图 5-4　打底焊时焊枪和焊丝的角度

(4) 填充层焊接　填充层共分 3 层 6 道,详见工艺卡,第一层与打底层焊接方法相同,注意控制温度,防止焊缝下塌。第二层与第三层采用多层多道焊方法,与横焊压道方法类似,注意每道焊缝的布置,焊缝高度要低于坡口边缘。

(5) 盖面层焊接　盖面层共分 4 道,详见工艺卡,第一道熔化板侧坡口棱边,摆动幅度控制为 0.5~2mm;第二道和第三道注意压道的位置及宽度;第四道既要保证焊缝的平直度，还要保证在管侧的焊脚的尺寸，因此要注意摆动幅度和填丝量的控制。

（6）焊后清理 焊接结束后，用钢丝刷清理焊缝表面及周围的氧化皮和飞溅。

（7）焊后外观检验 按照表5-4进行焊后外观检验。

表5-4 插入式管板垂直固定平焊评分标准（满分50分）

检查项目	评判标准及得分	评判等级				测评数据	实得分数
		I	II	III	IV		
焊脚（垂直方向）	尺寸标准/mm	2.5~3.5	>3.5~4.5	>4.5~5	<2.5或>5		
	得分标准	6分	4分	2分	0分		
焊脚差（垂直方向）	尺寸标准/mm	≤0.5	>0.5~1	>1~1.5	>1.5		
	得分标准	6分	4分	2分	0分		
焊脚（水平方向）	尺寸标准/mm	14~16	>16~17	>17~18	<14或>18		
	得分标准	6分	4分	2分	0分		
焊脚差（水平方向）	尺寸标准/mm	≤0.5	>0.5~1	>1~1.5	>1.5		
	得分标准	6分	4分	2分	0分		
咬边	尺寸标准	无咬边	深度≤0.5		深度>0.5		
	得分标准	10分	每4mm扣1分		0分		
正面成形	标准	优	良	中	差		
	得分标准	6分	4分	2分	0分		
气孔	尺寸标准	无气孔	≤ϕ0.5mm的气孔1个	>ϕ0.5mm的气孔1个	>ϕ0.5mm的气孔2个		
	得分标准	5分	4分	2分	0分		
焊缝端头[①]	尺寸标准	>1.5	>1~1.5	>0~1	<0		
	得分标准	5分	4分	2分	0分		
外观缺陷记录							

焊缝外观正面成形评判标准[②]

优	良	中	差
成形美观，焊缝均匀、细密，高低、宽窄一致	成形较好，焊缝均匀、平整	成形尚可，焊缝平直	焊缝弯曲，高低、宽窄明显不均

① 焊接端头的尺寸标准为焊缝两端起弧点和收弧点应符合高度要求，否则扣除该项5分。

② 表面有裂纹、夹渣等缺陷或出现焊件修补、未完成，该项作0分处理。

任务2 插入式管板垂直固定仰焊位置的钨极氩弧焊

学习目标

1. 正确选择插入式管板垂直固定仰焊的焊接参数。

2. 完成插入式管板垂直固定仰焊的操作并掌握操作要领。

3. 掌握插入式管板垂直固定仰焊常见的缺陷及防止措施。

必备知识

插入式管板垂直固定仰焊工艺卡见表5-5。

表5-5 插入式管板垂直固定仰焊工艺卡

考试项目	插入式管板垂直固定仰焊		
项目代号	GTAW-FeⅡ-4FG-12/60-FefS-02/11/12	考试标准	TSG Z6002—2010
焊接方法	GTAW（钨极氩弧焊）		
试件材质、规格	Q345，φ60mm×5mm×100mm，200mm×200mm×12mm		
焊材牌号、规格	H10MnSiA，φ2.5mm		
保护气体及流量	氩气，8~12L/min		
焊接接头	管板角接头		
焊接位置	仰焊（4FG）		
其他	背面无保护气		

预热		焊后热处理	
预热温度	—	温度范围	—
层间温度	≤250℃	保温时间	—
预热方式	—	其他	—

焊接参数

焊层（道）	焊接方法	焊材		焊接电流		电弧电压/V	焊接速度/（mm/min）
		型（牌）号	直径/mm	极性	电流大小/A		
1	GTAW	H10MnSiA	φ2.5	直流正接	80~85	11~13	40~50
2	GTAW	H10MnSiA	φ2.5	直流正接	95~100	11~13	50~60
3	GTAW	H10MnSiA	φ2.5	直流正接	100~110	11~13	50~70
4	GTAW	H10MnSiA	φ2.5	直流正接	100~110	11~13	50~70
5	GTAW	H10MnSiA	φ2.5	直流正接	100~110	11~13	50~70

施焊操作要领及注意事项

1）焊前准备：将管件一端30mm范围内及孔板坡口内外侧20mm范围内的毛刺及油污、铁锈等清理干净，直至露出金属光泽，修磨坡口钝边，钝边为0.5~1mm

2）装配：将管件置于孔板中心，沿管子外沿均布三个定位焊点，每段长度为10~15mm，将焊点两侧磨成斜坡，以方便接头

3）打底层焊接：固定试件使孔板水平放置且坡口向下，在定位焊缝左侧引弧，待定位焊缝熔化形成熔池后，开始向左焊接，焊枪与前进方向成70°~80°，且焊枪以管件与孔板坡口的顶角为中心横向摆动，尽量以短弧焊接，焊丝垂直于焊枪角度送入且尽量送至熔池背面，防止焊缝下塌，保证反面焊缝成形良好

4）填充层焊接：共分3层6道，第一层与打底层焊接方法相同，但电流和摆幅要加大，注意控制温度，防止焊缝下塌。第二层与第三层采用多层多道焊方法，与横焊压道方法类似，注意每道焊缝的布置，焊缝高度要低于坡口边缘

5）盖面层焊接：共分4道，第一道熔化板侧坡口棱边，同时注意焊缝宽度的控制；第二道和第三道注意焊道的位置及宽度；第四道既要保证焊缝的平直度，还要保证在管侧的焊脚的尺寸，因此要注意摆动幅度和填丝量的控制

责任	姓名	资质（职称）	日期	
编制				单位盖章
审核				
批准				

任务实施

一、焊前准备

1. 试件

试件选用牌号为 Q345 的低合金钢管，尺寸为 ϕ60mm×5mm×100mm，一根；Q345 低合金钢板，尺寸为 200mm×200mm×12mm，一块，用机械加工方法开 45°±3° 的单面坡口，并留出 0.5~1mm 的钝边，如图 5-3 所示，用砂轮机或锉刀清理坡口两侧 20mm 内的铁锈和油污，直至露出金属光泽。

2. 焊材

焊材选择牌号为 H10MnSi 的低合金钢焊丝，直径为 ϕ2.5mm，用砂布清理焊丝表面的铁锈和油污。

3. 钨极

选择铈钨极，直径为 ϕ2.4mm，钨极端部打磨成锐锥形。

4. 保护气体

纯度≥99.7%（体积分数）的氩气。

5. 工具

砂轮机、锉刀、钢丝刷、角钢、防护服、劳保鞋、氩弧焊手套、头罩。

二、焊接操作

（1）装配与定位 按照图 5-3 和表 5-6 中的尺寸进行装配。开启焊机气阀、电源开关，检查气路和电路。将管件置于孔板中心，沿管子外沿均布三个定位焊点（每个点相隔 120°），每段长度为 10~15mm，将焊点两侧磨成斜坡，以方便接头。定位焊采用的焊丝和焊接参数与正式焊接时相同。

表 5-6 装配尺寸

坡口面角度	预留间隙/mm	钝边/mm
45°±3°	2.5~3	0.5~1

（2）调节焊接参数 按照焊接工艺卡的要求调节焊接参数。

（3）打底层焊接 固定试件使孔板水平放置且坡口向下，在定位焊缝左侧引弧，待定位焊缝熔化形成熔池后，开始向左焊接，焊枪与前进方向成 70°~80°，且焊枪以管件与孔板坡口的顶角为中心横向摆动，尽量以短弧焊接，焊丝垂直于焊枪角度送入且尽量送至熔池背面，防止焊缝下塌，保证反面焊缝成形良好。

（4）填充层焊接 共分 3 层 6 道，第一层与打底层焊接方法相同，但电流和摆幅要加大，注意控制温度，防止焊缝下塌。第二层与第三层采用多层多道焊方法，与横焊压道方法类似，注意每道焊缝的布置，焊缝高度要低于坡口边缘。

（5）盖面层焊接 共分 4 道，第一道熔化板侧坡口棱边，同时注意焊缝宽度的控制；第二道和第三道注意压道的位置及宽度；第四道既要保证焊缝的平直度，还要保证在管侧的焊脚的尺寸，因此要注意摆动幅度和填丝量的控制。

（6）焊后清理 焊接结束后，用钢丝刷清理焊缝表面及周围的氧化皮和飞溅。

（7）焊后外观检验　按照表5-7进行焊后外观检验。

表 5-7　插入式管板垂直固定仰焊评分标准（满分 50 分）

检查项目	评判标准及得分	评判等级				测评数据	实得分数
		Ⅰ	Ⅱ	Ⅲ	Ⅳ		
焊脚（垂直方向）	尺寸标准/mm	2.5~3.5	>3.5~4.5	>4.5~5	<2.5 或>5		
	得分标准	6分	4分	2分	0分		
焊脚差（垂直方向）	尺寸标准/mm	≤0.5	>0.5~1	>1~1.5	>1.5		
	得分标准	6分	4分	2分	0分		
焊脚（水平方向）	尺寸标准/mm	14~16	>16~17	>17~18	<14 或>18		
	得分标准	6分	4分	2分	0分		
焊脚差（水平方向）	尺寸标准/mm	≤0.5	>0.5~1	>1~1.5	>1.5		
	得分标准	6分	4分	2分	0分		
咬边	尺寸标准/mm	无咬边	深度≤0.5		深度>0.5		
	得分标准	10分	每4mm扣1分				
正面成形	标准	优	良	中	差		
	得分标准	6分	4分	2分	0分		
气孔	尺寸标准	无气孔	≤ϕ0.5mm的气孔1个	>ϕ0.5mm的气孔1个	>ϕ0.5mm的气孔2个		
	得分标准	5分	4分	2分	0分		
焊缝端头[1]	尺寸标准/mm	>1.5	>1~1.5	>0~1	<0		
	得分标准	5分	4分	2分	0分		
外观缺陷记录							

焊缝外观正面成形评判标准[2]

优	良	中	差
成形美观，焊缝均匀、细密，高低、宽窄一致	成形较好，焊缝均匀、平整	成形尚可，焊缝平直	焊缝弯曲，高低、宽窄明显不均

① 焊接端头的尺寸标准为焊缝两端起弧点和收弧点应符合高度要求，否则扣除该项5分。
② 表面有裂纹、夹渣等缺陷或出现焊件修补、未完成，该项作0分处理。

任务 3　插入式管板水平固定焊接位置的钨极氩弧焊

学习目标

1. 正确选择插入式管板水平固定焊接参数。
2. 完成插入式管板水平固定焊接操作并掌握操作要领。
3. 掌握插入式管板水平固定焊接常见的缺陷及防止措施。

必备知识

插入式管板水平固定焊接工艺卡见表5-8。

表 5-8　插入式管板水平固定焊接工艺卡

考试项目	插入式管板水平固定焊接
项目代号	GTAW-FeⅡ-5FG-12/60-FefS-02/11/12
考试标准	TSG Z6002—2010
焊接方法	GTAW（钨极氩弧焊）
试件材质、规格	Q345，$\phi60mm\times5mm\times100mm$，$200mm\times200mm\times12mm$
焊材牌号、规格	H10MnSiA，$\phi2.5mm$
保护气体及流量	氩气，$8\sim12L/min$
焊接接头	管板角接头
焊接位置	水平固定（5FG）
其他	背面无保护气

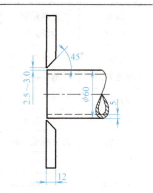

预热		焊后热处理	
预热温度	—	温度范围	—
层间温度	≤250℃	保温时间	—
预热方式	—	其他	—

焊接参数

焊层（道）	焊接方法	焊材		焊接电流		电弧电压/V	焊接速度/(mm/min)
		型（牌）号	直径/mm	极性	电流大小/A		
1	GTAW	H10MnSiA	$\phi2.5$	直流正接	90~95	11~13	40~50
2	GTAW	H10MnSiA	$\phi2.5$	直流正接	110~120	11~13	50~60
3	GTAW	H10MnSiA	$\phi2.5$	直流正接	120~130	11~13	60~80
4	GTAW	H10MnSiA	$\phi2.5$	直流正接	120~130	11~13	60~80
5	GTAW	H10MnSiA	$\phi2.5$	直流正接	120~130	11~13	60~80

施焊操作要领及注意事项

1）焊前准备：将管件一端30mm范围内及孔板坡口内外侧20mm范围内的毛刺及油污、铁锈等清理干净，直至露出金属光泽，修磨坡口钝边，钝边为0.5~1mm

2）装配：将管件置于孔板中心，沿管子外沿均布三个定位焊点，每段长度为10~15mm，将焊点两侧磨成斜坡，以方便接头

3）打底层焊接：固定试件使管轴线在水平位置，一个定位焊点在5点半位置，在定位焊缝左侧引弧，开始焊接左边半圈至9点位置，9点到12点位置可采用反握焊枪或改用左手持枪的操作方式，观察熔池比较容易，以保证焊缝质量；右半圈的焊接方法与左半圈相同

4）填充层焊接：共分3层6道，第一层与打底层焊接方法相同，但电流和摆幅要加大，注意控制温度，防止焊缝下塌。第二层与第三层采用多层多道方法，与横焊压道方法类似，注意每道焊缝的布置，焊缝高度要低于坡口边缘

5）盖面层焊接：共分4道，第一道熔化板侧坡口棱边，同时注意焊缝宽度的控制；第二道和第三道注意压道的位置及宽度；第四道既要保证焊缝的平直度，还要保证在管侧的焊脚的尺寸，因此要注意摆动幅度和填丝量的控制

责任	姓名	资质（职称）	日期	
编制				单位盖章
审核				
批准				

任务实施

一、焊前准备

1. 试件

试件选择牌号为 Q345 的低合金钢管，尺寸为 ϕ60mm×5mm×100mm，一根；Q345 低合金钢板，尺寸为 200mm×200mm×12mm，一块，用机械加工方法开45°±3°的单面坡口，并留出 0.5~1mm 的钝边，如图 5-3 所示，用砂轮机或锉刀清理坡口两侧 20mm 范围内的铁锈和油污，直至露出金属光泽。

2. 焊材

焊材选择牌号为 H10MnSi 的低合金钢焊丝，直径为 ϕ2.5mm，用砂布清理焊丝表面的铁锈和油污。

3. 钨极

选择铈钨极，直径为 ϕ2.4mm，钨极端部打磨成锐锥形。

4. 保护气体

纯度≥99.7%（体积分数）的氩气。

5. 工具

砂轮机、锉刀、钢丝刷、角钢、防护服、劳保鞋、氩弧焊手套、头罩。

二、焊接操作

（1）装配与定位　按照图 5-3 和表 5-9 中的尺寸进行装配。开启焊机气阀、电源开关，检查气路和电路。将管件置于孔板中心，沿管子外沿均布三个定位焊点（每个点相隔120°），每段长度为 10~15mm，将焊点两侧磨成斜坡，以方便接头。定位焊采用的焊丝和焊接参数与正式焊接时相同。

表 5-9　装配尺寸

坡口面角度	预留间隙/mm	钝边/mm
45°±3°	2.5~3	0.5~1

（2）调节焊接参数　按照焊接工艺卡的要求调节焊接参数。

（3）打底层焊接　固定试件使管轴线在水平位置，一个定位焊点在 5 点半位置，在定位焊缝左侧引弧，开始焊接左边半圈至 9 点位置，9 点到 12 点位置可采用反握焊枪或改用左手持枪的操作方式，观察熔池比较容易，保证焊缝质量；右半圈的焊接方法与左半圈相同。

（4）填充层焊接　共分 3 层 6 道，第一层与打底层焊接方法相同，但电流和摆幅要加大，注意控制温度，防止焊缝下塌。第二层与第三层采用多层多道焊方法，与横焊压道方法类似，注意每道焊缝的布置，焊缝高度要低于坡口边缘。

（5）盖面层焊接　共分 4 道，第一道熔化板侧坡口棱边，同时注意焊缝宽度的控制；第二道和第三道注意压道的位置及宽度；第四道既要保证焊缝的平直度，还要保证在管侧的焊脚的尺寸，因此要注意摆动幅度和填丝量的控制。

（6）焊后清理　焊接结束后，用钢丝刷清理焊缝表面及周围的氧化皮和飞溅。

（7）焊后外观检验 按照表5-10进行焊后外观检验。

表5-10 插入式管板水平固定焊接评分标准（满分50分）

检查项目	评判标准及得分	评判等级				测评数据	实得分数
		Ⅰ	Ⅱ	Ⅲ	Ⅳ		
焊脚（垂直方向）	尺寸标准/mm	2.5～3.5	>3.5～4.5	>4.5～5	<2.5或>5		
	得分标准	6分	4分	2分	0分		
焊脚差（垂直方向）	尺寸标准/mm	≤0.5	>0.5～1	>1～1.5	>1.5		
	得分标准	6分	4分	2分	0分		
焊脚（水平方向）	尺寸标准/mm	14～16	>16～17	>17～18	<14或>18		
	得分标准	6分	4分	2分	0分		
焊脚差（水平方向）	尺寸标准/mm	≤0.5	>0.5～1	>1～1.5	>1.5		
	得分标准	6分	4分	2分	0分		
咬边	尺寸标准/mm	无咬边	深度≤0.5		深度>0.5		
	得分标准	10分	每4mm扣1分		0分		
正面成形	标准	优	良	中	差		
	得分标准	6分	4分	2分	0分		
气孔	尺寸标准	无气孔	≤ϕ0.5mm的气孔1个	>ϕ0.5mm的气孔1个	>ϕ0.5mm的气孔2个		
	得分标准	5分	4分	2分	0分		
焊缝端头[1]	尺寸标准/mm	>1.5	>1～1.5	>0～1	<0		
	得分标准	5分	4分	2分	0分		
外观缺陷记录							

焊缝外观正面成形评判标准[2]

优	良	中	差
成形美观，焊缝均匀、细密，高低、宽窄一致	成形较好，焊缝均匀、平整	成形尚可，焊缝平直	焊缝弯曲，高低、宽窄明显不均

① 焊接端头的尺寸标准为焊缝两端起弧点和收弧点应符合高度要求，否则扣除该项5分。
② 表面有裂纹、夹渣等缺陷或出现焊件修补、未完成，该项作0分处理。

任务4 插入式管板45°固定焊接位置的钨极氩弧焊

学习目标

1. 正确选择插入式管板45°固定焊接参数。
2. 完成插入式管板45°固定焊接操作并掌握操作要领。
3. 掌握插入式管板45°固定焊接常见的缺陷及防止措施。

必备知识

插入式管板45°固定焊接工艺卡见表5-11。

表 5-11　插入式管板 45°固定焊接工艺卡

考试项目	插入式管板 45°固定焊接
项目代号	GTAW-FeⅡ-6FG-12/60-FefS-02/11/12
考试标准	TSG Z6002—2010
焊接方法	GTAW（钨极氩弧焊）
试件材质、规格	Q345，ϕ60mm×5mm×100mm，200mm×200mm×12mm
焊材牌号、规格	H10MnSiA，ϕ2.5mm
保护气体及流量	氩气，8~12L/min
焊接接头	管板角接头
焊接位置	45°固定（6FG）
其他	背面无保护气

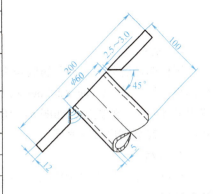

预热		焊后热处理	
预热温度	—	温度范围	—
层间温度	≤250℃	保温时间	—
预热方式	—	其他	—

焊接参数

焊层（道）	焊接方法	焊材		焊接电流		电弧电压/V	焊接速度/(mm/min)
		型（牌）号	直径/mm	极性	电流大小/A		
1	GTAW	H10MnSiA	ϕ2.5	直流正接	85~90	11~13	40~50
2	GTAW	H10MnSiA	ϕ2.5	直流正接	100~110	11~13	50~60
3	GTAW	H10MnSiA	ϕ2.5	直流正接	110~120	11~13	50~70
4	GTAW	H10MnSiA	ϕ2.5	直流正接	110~120	11~13	50~70
5	GTAW	H10MnSiA	ϕ2.5	直流正接	110~120	11~13	50~70

施焊操作要领及注意事项

1）焊前准备：将管件一端 30mm 范围及孔板坡口内外侧 20mm 范围内的毛刺及油污、铁锈等清理干净，直至露出金属光泽，修磨坡口钝边，钝边为 0.5~1mm

2）装配：将管件置于孔板中心，沿管子外沿均布三个定位焊点，每段长度为 10~15mm，将焊点两侧磨成斜坡，以方便接头

3）打底层焊接：固定试件使管轴线与水平方向成 45°位置且管侧向下，一个定位焊点在 5 点半位置，在定位焊缝左侧引弧，开始焊接左边半圈至 9 点位置，9 点到 12 点位置可采用反握焊枪或改用左手持枪的操作方式，观察熔池比较容易，以保证焊缝质量；右半圈的焊接方法与左半圈相同

4）填充层焊接：共分 3 层 6 道，第一层与打底层焊接方法相同，但电流和摆幅要加大，注意控制温度，防止焊缝下塌。第二层与第三层采用多层多道焊方法，与横焊压道方法类似，注意每道焊缝的布置，焊缝高度要低于坡口边缘

5）盖面层焊接：共分 4 道，第一道熔化焊板侧坡口棱边，同时注意焊缝宽度的控制；第二道和第三道注意压道的位置及宽度；第四道既要保证焊缝的平直度，还要保证在管侧的焊脚的尺寸，因此要注意摆动幅度和填丝量的控制

责任	姓名	资质（职称）	日期	
编制				单位盖章
审核				
批准				

任务实施

一、焊前准备

1. 试件

试件选择牌号为 Q345 的低合金钢管，尺寸为 $\phi60mm\times5mm\times100mm$，一根；Q345 低合金钢板，尺寸为 $200mm\times200mm\times12mm$，一块，用机械加工方法开 $45°\pm3°$ 的单面坡口，并留出 $0.5\sim1mm$ 的钝边，如图 5-3 所示。用砂轮机或锉刀清理坡口两侧 20mm 范围内的铁锈和油污，直至露出金属光泽。

2. 焊材

焊材选择牌号为 H10MnSi 的低合金钢焊丝，直径为 $\phi2.5mm$，用砂布清理焊丝表面的铁锈和油污。

3. 钨极

选择铈钨极，直径为 $\phi2.4mm$，钨极端部打磨成锐锥形。

4. 保护气体

纯度 $\geqslant99.7\%$（体积分数）的氩气。

5. 工具

砂轮机、锉刀、钢丝刷、角钢、防护服、劳保鞋、氩弧焊手套、头罩。

二、焊接操作

（1）装配与定位 按照图 5-3 和表 5-12 中的尺寸进行装配。开启焊机气阀、电源开关，检查气路和电路。将管件置于孔板中心，沿管子外沿均布三个定位焊点（每个点相隔 120°），每段长度为 $10\sim15mm$，将焊点两侧磨成斜坡，以方便接头。定位焊采用的焊丝和焊接参数与正式焊接时相同。

表 5-12 装配尺寸

坡口面角度	预留间隙/mm	钝边/mm
$45°\pm3°$	$2.5\sim3$	$0.5\sim1$

（2）调节焊接参数 按照焊接工艺卡的要求调节焊接参数。

（3）打底层焊接 固定试件使管轴线与水平方向成 45°位置且管侧向下，一个定位焊点在 5 点半位置，在定位焊缝左侧引弧，开始焊接左边半圈至 9 点位置，9 点到 12 点位置可采用反握焊枪或改用左手持枪的操作方式，观察熔池比较容易，以保证焊缝质量；右半圈的焊接方法与左半圈相同。

（4）填充层焊接 共分 3 层 6 道，第一层与打底层焊接方法相同，但电流和摆幅要加大，注意控制温度，防止焊缝下塌。第二层与第三层采用多层多道焊方法，与横焊压道方法类似，注意每道焊缝的布置，焊缝高度要低于坡口边缘。

（5）盖面层焊接 共分 4 道，第一道熔化板侧坡口棱边，同时注意焊缝宽度的控制；第二道和第三道注意压道的位置及宽度；第四道既要保证焊缝的平直度，还要保证在管侧的焊脚的尺寸，因此要注意摆动幅度和填丝量的控制。

（6）焊后清理　焊接结束后，用钢丝刷清理焊缝表面及周围的氧化皮和飞溅。

（7）焊后外观检验　按照表 5-13 进行焊后外观检验。

表 5-13　钨极氩弧焊插入式管板 45°固定焊接评分标准（满分 50 分）

检查项目	评判标准及得分	评判等级				测评数据	实得分数
		Ⅰ	Ⅱ	Ⅲ	Ⅳ		
焊脚（垂直方向）	尺寸标准/mm	2.5~3.5	>3.5~4.5	>4.5~5	<2.5 或>5		
	得分标准	6分	4分	2分	0分		
焊脚差（垂直方向）	尺寸标准/mm	≤0.5	>0.5~1	>1~1.5	>1.5		
	得分标准	6分	4分	2分	0分		
焊脚（水平方向）	尺寸标准/mm	14~16	>16~17	>17~18	<14 或>18		
	得分标准	6分	4分	2分	0分		
焊脚差（水平方向）	尺寸标准/mm	≤0.5	>0.5~1	>1~1.5	>1.5		
	得分标准	6分	4分	2分	0分		
咬边	尺寸标准/mm	无咬边	深度≤0.5		深度>0.5		
	得分标准	10分	每4mm扣1分		0分		
正面成形	标准	优	良	中	差		
	得分标准	6分	4分	2分	0分		
气孔	尺寸标准	无气孔	≤ϕ0.5mm的气孔1个	>ϕ0.5mm的气孔1个	>ϕ0.5mm的气孔2个		
	得分标准	5分	4分	2分	0分		
焊缝端头[①]	尺寸标准/mm	>1.5	>1~1.5	>0~1	<0		
	得分标准	5分	4分	2分	0分		
外观缺陷记录							

焊缝外观正面成形评判标准[②]

优	良	中	差
成形美观，焊缝均匀、细密，高低、宽窄一致	成形较好，焊缝均匀、平整	成形尚可，焊缝平直	焊缝弯曲，高低、宽窄明显

① 焊接端头的尺寸标准为焊缝两端起弧点和收弧点应符合高度要求，否则扣除该项 5 分。

② 表面有裂纹、夹渣等缺陷或出现焊件修补、未完成，该项作 0 分处理。

项目六

8mm不锈钢板平对接位置的等离子弧焊

项目概述

　　"8mm不锈钢板平对接位置的等离子弧焊"项目对应于 TSG Z6002—2010《特种设备焊接操作人员考核细则》的项目代号为 PAW-1G-01/07/08/10/19。PAW 表示焊接方法为等离子弧焊；1G 表示焊接位置为平焊；01 表示无填充金属丝，07 表示无自动跟踪系统，08 表示单道焊，10 表示焊缝背面有气体保护，19 表示目视观察、控制。被焊材料为不锈钢，在高温下容易被氧化。为了防止焊缝被氧化，焊接不锈钢时，除正面喷嘴的氩气保护外，还需要设置背面保护装置和正面拖罩保护装置。通过该项目的学习和训练，使学生能够根据不同情况设置合适的气体保护装置，并能正确地进行 8mm 不锈钢板平对接位置的等离子弧焊。

任务 1　等离子弧焊设备的使用与调试

学习目标

1. 掌握等离子弧焊的基本原理。
2. 了解等离子弧焊的特点及适用范围。
3. 能够说出等离子弧焊设备组成部分的名称和作用。
4. 能够正确使用和调试等离子弧焊设备。

必备知识

等离子弧焊（Plasma Arc Welding，PAW）是在钨极氩弧焊的基础上发展起来的一种焊接方法。等离子弧是一种压缩电弧，由于弧柱断面被压缩得很小，因而具有能量集中（功率密度可达 $105\sim106W/cm^2$）、温度高（弧柱中心可达 $18000\sim24000K$）、焰流速度大、刚直性好等特点。这些特点使得等离子弧被应用于焊接（又可以用于喷涂、切割等），是一种先进实用的连接方法，在工业中得到越来越广泛的应用。

一、等离子弧的形成原理

等离子弧焊采用压缩电弧的方法，将产生氩弧的钨极缩到焊枪喷嘴内部，在喷嘴中通入等离子气（通常是氩气），强制电弧从喷嘴的孔道通过，如图 6-1 所示。等离子电弧受喷嘴孔道的压缩作用，使弧柱导电截面缩小，直到与其内部的膨胀力平衡为止，而电流密度明显增大。

要使气体转变为等离子体，必须使气体的全部或部分得到电离。一般的电弧和等离子弧是由放电电离获得的，放电电离的过程在于形成电子的"雪崩"，其过程类似于化学中的连锁反应。当金属两极被加以适当的电压，并通

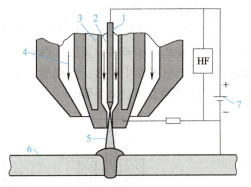

图 6-1　等离子弧焊的原理示意图

1—钨极　2—等离子气　3—冷却水　4—保护气
5—等离子弧　6—工件　7—焊接电源

以气体，用高频振荡器激发时，从金属表面激发的电子流从阴极飞向阳极，在高速飞跃途中撞击中性气体分子、原子，并把一部分动能传给它们。受撞击的分子、原子被电离，产生带负电的电子和带正电的离子，这样形成的电子、离子以及尚未电离的中性气体分子、原子相互碰撞，加上已电离原子产生的热及光的作用，使气体进一步电离。如此循环往复，成几何级数增长而构成"雪崩"式电离，从而使气体得到较高程度的电离，形成等离子弧。

等离子弧焊（PAW）的等离子弧与钨极氩弧焊（TIC）的自由电弧在物理本质上没有很大区别，仅是弧柱中电离程度的不同。经压缩的电弧（等离子弧）能量更为集中，温度更高。

等离子弧的压缩是依靠水冷铜喷嘴的拘束作用实现的，通过水冷铜喷嘴时的等离子弧是

通过以下三种压缩作用获得的。

（1）机械压缩 利用水冷铜喷嘴孔径限制弧柱截面积（直径）的自由扩大，这种拘束作用就是机械压缩，用来提高弧柱的能量密度和温度。

（2）热压缩 由于水冷喷嘴温度低，喷嘴中的冷却水使喷嘴内壁附近形成一层冷气膜，迫使弧柱的有效导电截面进一步减小，从而进一步提高了电弧弧柱的能量密度及温度。这种依靠水冷使弧柱收缩（温度及能量密度进一步提高）的作用就是热压缩。

（3）电磁压缩 机械压缩、热压缩两种压缩效应使得电弧电流密度增大（电流密度越大，磁收缩作用越强），弧柱电流自身磁场产生的电磁收缩力增大，使电弧又受到进一步的压缩，这就是电磁压缩。

经过机械压缩、热压缩和电磁压缩效应，等离子弧射流的速度、温度和能量密度都有了大幅度提高。与钨极氩弧焊相比，等离子弧焊的焊接速度、焊接厚度和接头性能等也都有了明显提高。

二、等离子弧的结构类型

等离子弧是利用等离子焊枪，将阴极（如钨极）和阳极之间的自由电弧压缩成高温、高电离度及高能量密度的电弧。根据电源连接方式的不同，等离子弧分为非转移型、转移型及联合型三种。产生这三种形态等离子弧的共同点是：等离子焊枪的结构是一样的，钨极都接电源的负极；不同点在于电弧正极接的位置不同。

1. 非转移型等离子弧

非转移型等离子弧的正极接在焊枪的喷嘴上，等离子弧体产生在钨极与喷嘴之间，焊接时电源正极接水冷铜喷嘴，负极接钨极，工件不接到焊接回路中。在高速喷出的等离子气流压送下，弧焰从喷嘴中喷出，形成等离子焰，如图6-2a所示。非转移型等离子弧适用于焊接或切割较薄的金属及非金属。

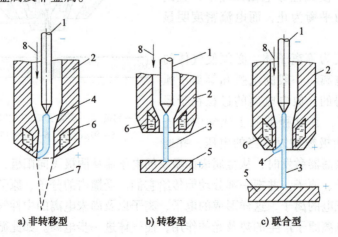

a) 非转移型　　　b) 转移型　　　c) 联合型

图6-2 等离子弧的类型

1—钨极 2—喷嘴 3—转移型等离子弧 4—非转移型等离子弧 5—工件 6—冷却水 7—弧焰 8—等离子气

2. 转移型等离子弧

转移型等离子弧的正极接在工件上，等离子弧体产生在钨极与工件之间。焊接时首先引燃钨极与喷嘴间的非转移弧，然后将电弧转移到钨极与工件之间。在工作状态下，喷嘴不接到焊接回路中，如图 6-2b 所示。转移型等离子弧难以直接形成，必须先引燃非转移型等离子弧，然后才能过渡到转移型等离子弧。因此，转移型等离子弧的产生要经过两步：先在钨极与喷嘴之间产生非转移型等离子弧，使电弧焰流从喷嘴喷出并接触工件；然后进行电路转换，将电源的正极从喷嘴转移到工件，转移型等离子弧便瞬时产生（非转移型等离子弧同时熄灭）。金属焊接、切割几乎都是采用转移型等离子弧，因为转移型等离子弧能把更多的热量传递给工件，特别是用于较厚金属件的焊接。

3. 联合型等离子弧

工作时转移型等离子弧及非转移型等离子弧同时并存的电弧称为联合型等离子弧，如图 6-2c 所示。联合型等离子弧在很小的电流下就能保持稳定，多用于焊接电流在 30A 以下的微束等离子弧焊和粉末等离子弧堆焊等。微束等离子弧采用了联合型等离子弧的形态，因此适合于薄板及超薄板的焊接。联合型等离子弧的获得方法是：先获得非转移型等离子弧，然后产生转移型等离子弧，但是在转移型等离子弧产生的同时，不切断非转移型等离子弧（不切断喷嘴的正极电路），这样就可得到非转移型等离子弧（也称为维持电弧，简称维弧）和转移型等离子弧（也称为工作电弧或焊接电弧）同时存在的联合型等离子弧。

三、等离子弧焊的特性

1. 等离子弧焊的热源特性

（1）温度和能量密度　普通钨极氩弧焊的电弧最高温度为 10000~24000K，功率密度小于 105W/cm^2。等离子弧的温度可高达 24000~50000K，功率密度可达 105~106W/cm^2。等离子弧的温度和能量密度提高的原因是机械压缩、热压缩及电磁压缩。

以上三个因素中，喷嘴机械拘束是前提条件，而热收缩则是其本质原因。

等离子弧能量密度和温度的显著提高使等离子弧的稳定性和挺度得以改善。自由电弧的扩散角约为 45°，等离子弧的扩散角约为 5°，这是因为压缩后从喷嘴口喷射出的等离子弧带电质点的运动速度明显提高，可高达 300m/s（与喷嘴结构和离子气种类及流量有关）。所以等离子弧具有较小的扩散角及较大的电弧挺度（电弧挺度是指电弧沿电极轴线的挺直程度），如图 6-3 所示，这也是等离子弧最突出的优点。

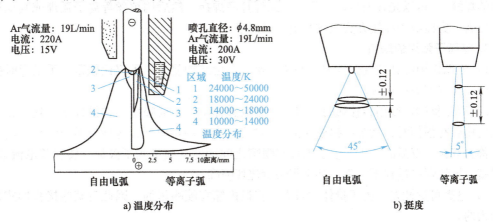

a) 温度分布　　　　b) 挺度

图 6-3　自由电弧与等离子弧的对比

（2）热源组成　普通钨极氩弧焊中，加热工件的热量主要来源于阳极斑点热，弧柱辐射和热传导热仅起辅助作用。在等离子弧焊中，由高速等离子体构成的弧柱通过接触传导和辐射带给工件的热量明显增加，甚至可能成为主要的热量来源，而阳极热则降为次要地位。

2. 等离子弧焊的电流极性

等离子弧焊的电流极性分为直流正接、直流反接、正弦交流和变极性方波交流四种，这几种电流极性的主要特征及应用如下。

（1）直流正接（DCSP）　大多数等离子弧焊工艺采用直流正接极性电流，如焊接合金钢、不锈钢、钛合金及镍基合金等，电流范围为0.1~500A。

（2）直流反接（DCRP）　电极接电源正极的反接极性电流用于焊接铝合金。由于这种工艺方法钨极烧损严重且熔深浅，仅限于焊接薄件，焊接电流不超过100A。

（3）正弦交流　正弦交流电流用来焊接铝镁合金，利用正接极性电流获得较大的熔深而用反接极性电流清理焊件表面的氧化膜，电流范围为10~100A。为了防止反接极性电弧熄灭，焊接设备需要有稳弧装置。由于存在焊缝深宽比小及钨极烧损等问题，这种工艺方法趋于被方波交流电流取代。

（4）变极性方波交流　变极性方波交流电流是正、反接极性电流及正、负半周时间均可调的交流方形波电流。用变极性方波交流等离子弧焊焊接铝镁合金，可获得较大的焊缝深宽比及较少的钨极烧损。

四、等离子弧焊的优缺点

1. 等离子弧焊的优点

等离子弧焊的主要优点是可进行单面焊双面成形的焊接，特别适用于背面可达性不好的结构。手工等离子弧焊可实现全位置焊接，自动等离子弧焊通常是在平焊和横焊位置上进行焊接。采用脉冲电流时可进行全位置焊接。等离子弧焊适于焊接薄板，不开坡口，背面不加衬垫。小电流时电弧稳定，焊缝质量好。等离子弧焊可焊接厚度仅为0.01mm的金属薄片。

对于不同材质，可以进行单面焊双面成形焊接的板材厚度也不相同。板厚为0.5~5mm的碳钢，板厚为0.3~8mm的不锈钢、钛及其合金、镍及其合金可以进行单面焊双面成形的焊接，也可以进行等离子弧点焊。对于质量要求较高的厚板焊缝（尤其是要求单面焊双面成形的焊缝），可以先开坡口，用等离子弧焊打底焊接，然后用填丝等离子弧焊或其他熔敷效率更高、更经济的焊接方法完成其余各层焊缝。

2. 等离子弧焊的缺点

1）电弧作用区域的观察性差。等离子弧焊焊枪结构复杂，不仅比较重，手工焊时操作人员还较难观察焊接区域。

2）双弧弊端。使用转移弧时，当焊接参数选择不当，或喷嘴结构设计不合理，或喷嘴多次使用后有损伤时，就会在钨极-喷嘴-工件之间产生串接电弧，这种旁弧与转移弧同时存在，称为双弧。双弧的产生，说明弧柱与喷嘴之间的冷气膜遭到了破坏，转移弧电流减小，这样就会导致焊接过程不正常，甚至很快就烧坏喷嘴。

3）电弧可达性差。由于枪体比较大，钨极内缩在喷嘴里面，因此对某些接头形式是无能为力的。

4）一次性投资大。等离子弧焊与切割设备比较昂贵。但是其焊接或切割速度快，焊缝与切割质量好，若将这些因素考虑进去，其使用成本还不是太高。

五、等离子弧焊的分类

根据焊缝的成形原理，等离子弧焊有三种基本方法，即穿孔型等离子弧焊、熔透型等离子弧焊和微束等离子弧焊。

1. 穿孔型等离子弧焊

穿孔型等离子弧焊又称为小孔型等离子弧焊、锁孔型等离子弧焊、穿透型等离子弧焊。穿孔型等离子弧焊的焊缝成形如图6-4所示。它是利用等离子弧能量密度大、挺度好、离子流冲力大的特点，将工件完全熔透，并产生一个贯穿的小孔，等离子流从背面小孔穿出。被熔化的金属在电弧吹力、液体金属重力和表面张力的互相作用下保持平衡。当焊枪向前移动时，小孔在电弧的后方锁闭，形成完全熔透的焊缝。

小孔效应只有在足够大的能量密度条件下才能形成。能否实现一次穿透工件，实现穿孔型焊接，这与等离子弧的能量密度有关。表6-1列出了等离子弧焊一次穿透的板材厚度。随着工件厚度增加，所需能量密度增大。由于等离子弧能量密度的提高有一定限制，因此穿孔型等离子弧焊适用的板厚受到限制。

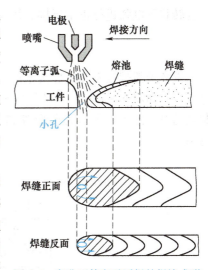

图6-4　穿孔型等离子弧焊的焊缝成形

表6-1　等离子弧焊一次穿透的板材厚度

材料	不锈钢	钛及钛合金	镍及镍合金	低合金钢	低碳钢
焊接厚度/mm	≤8	≤12	≤6	≤7	≤8

2. 熔透型等离子弧焊

熔透型等离子弧焊焊接过程中只熔化工件，但不产生小孔效应，又称为熔入型、熔融型等离子弧焊。熔透型等离子弧焊与穿孔型等离子弧焊的区别是通过适当减小等离子气流量，并扩大喷嘴孔径，以降低等离子弧的压缩程度和穿透能力，产生一种所谓的弱等离子弧。换句话说，它是当等离子气流量较小、弧柱压缩程度较弱、电弧穿透能力不足以形成小孔时的一种等离子弧焊。焊接过程中，焊接熔池的形成主要借助等离子弧的热传导，熔透深度则通过调整焊接参数（焊接电流、焊接速度等）控制。采用这种等离子弧焊接，焊缝成形过程与钨极氩弧焊类似，随着焊枪向前移动，熔池金属凝固形成焊缝。

熔透型等离子弧焊的特点是在相当宽的焊接电流范围（25～500A）稳定地工作，可以用相当高的速度（大于60m/h）完成焊接过程，并可保证焊缝质量。熔透型等离子弧焊主要适用于薄板（厚度为0.15～3.0mm）焊接、卷边焊接或厚板多层焊的第二层及以后各层的焊接。

3. 微束等离子弧焊

微束等离子弧焊又称为针状等离子弧焊。焊接电流在30A以下的熔透型焊接通常称为微束等离子弧焊。为了提高等离子弧的稳定性，采用小孔径压缩喷嘴（直径为0.6～

1.2mm）及联合型等离子弧。由于非转移弧的存在，焊接电流小至1A以下仍能获得稳定的焊接电弧（喷嘴至工件的距离可达2mm以上）。这时的非转移弧又称为维弧，而用于焊接的转移弧又称为主弧。

微束等离子弧焊可采用联合型等离子弧，也可采用高频引弧的转移型等离子弧。微束等离子弧焊多由两台独立的焊接电源供电，其中一台电源输出端跨接于钨极和喷嘴之间，产生非转移型电弧（通常为2~5A），作用是维持电弧燃烧，另一台焊接电源向钨极和工件供电，产生转移型电弧进行正常焊接。微束等离子弧焊特别适合于薄板、细丝和箔材的焊接。

六、等离子弧焊系统的组成

等离子弧焊接系统由焊接电源、等离子弧发生器（焊枪）、控制系统、供气及供水系统等组成，如图6-5所示。自动等离子弧焊接系统还包括焊接小车、转动夹具的行走机构和控制电路等。图6-6所示为典型等离子弧焊接系统（大电流等离子弧、微束等离子弧）示意图。

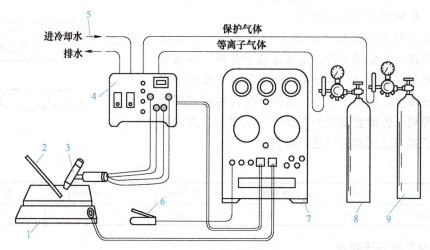

图6-5　手工等离子弧焊系统的组成

1—工件　2—填充焊丝　3—焊枪　4—控制系统　5—水冷系统
6—起动开关（常安装在焊枪上）　7—焊接电源　8、9—供气系统

1. 弧焊电源

等离子弧焊设备一般采用具有垂直外特性或陡降外特性的电源，以防止焊接电流因弧长的变化而变化，从而获得均匀稳定的熔深及焊缝外形尺寸。一般不采用交流电源，只采用直流电源，并采用正极性接法。焊接铝合金时可采用交流变极性电源。与钨极氩弧焊相比，等离子弧焊所需的电源空载电压较高。

采用氩气作等离子气时，电源空载电压应为60~85V；当采用$Ar+H_2$或Ar与其他双原子的混合气体作等离子气时，电源的空载电压应为110~120V。采用联合型电弧焊接时，由于转移型电弧与非转移型电弧同时存在，因此，需要两套独立的电源供电。利用转移型电弧焊接时，可以采用一套电源，也可以采用两套电源。

一般采用高频振荡器引弧，当使用混合气体作等离子气时，应先利用纯氩气引弧，然后再将等离子气转变为混合气体，这样可降低对电源空载电压的要求。

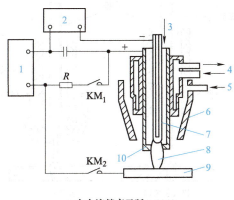 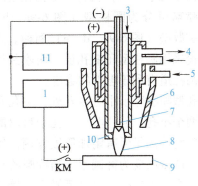

a) 大电流等离子弧(>30A)　　　　　　　b) 微束等离子弧(<30A)

图 6-6　典型等离子弧焊接系统示意图

1—焊接电源　2—高频振荡器　3—等离子气　4—冷却水　5—保护气　6—保护气罩　7—钨极
8—等离子弧　9—工件　10—喷嘴　11—维弧电源　KM、KM$_1$、KM$_2$—接触器触头

2. 控制系统

控制系统的作用是控制焊接设备的各个部分按照预定的程序进入、退出工作状态。整个设备的控制系统通常由高频发生器控制电路、送丝电动机拖动电路、焊接小车或专用工装控制电路及程控电路等组成。程控电路控制等离子气预通时间、等离子气流递增时间、保护气预通时间、高频引弧及电弧转移、工件预热时间、电流衰减熄弧、延迟停气等。

3. 焊枪

等离子弧焊枪也即等离子弧发生器，对等离子弧的性能及焊接过程的稳定性起着决定性作用。焊枪主要由电极、电极夹头、压缩喷嘴、中间绝缘体、上枪体、下枪体及冷却套等组成。最关键的部件是压缩喷嘴及电极。等离子弧焊枪的主要组成如图 6-7 所示。钨极氩弧焊枪和等离子弧焊枪的比较如图 6-8 所示。

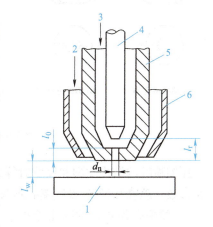

图 6-7　等离子弧焊枪的主要组成

d_n—喷嘴孔径　l_0—喷嘴孔道长度
l_r—钨极内缩长度　l_w—喷嘴至工件的距离
1—工件　2—保护气　3—等离子气
4—钨极　5—压缩喷嘴　6—保护气罩

（1）等离子弧焊枪在结构上的要求

1）能固定钨极与喷嘴之间的相对位置，并要求钨极与喷嘴孔径同心。

2）能够水冷钨极及喷嘴，焊接电流在 20A 以下的焊枪可以不水冷钨极，但必须冷却喷嘴。

3）喷嘴要与钨极绝缘，以便在钨极与喷嘴之间产生非转移弧。

4）采用单独的气路分别导入等离子气与保护气。

等离子弧手工焊枪的最大许用正接极性电流一般为 225A，反接极性电流不超过 70A。等离子弧自动焊枪的许用电流可达 500A。

（2）压缩喷嘴　压缩喷嘴是等离子弧焊枪的关键部分。等离子弧焊枪喷嘴的典型结构如图 6-9 所示。根据喷嘴孔道的数量，等离子弧焊枪喷嘴可分为单孔型（图 6-9a、c）和三

孔型（图6-9b、d、e）两种。根据孔道的
形状，喷嘴可分为圆柱型（图6-9a、b）
及收敛扩散型（图6-9c、d、e）两种。大
部分焊枪采用圆柱型压缩孔道，而收敛扩
散型压缩孔道有利于电弧的稳定。

三孔型喷嘴除了中心主孔外，主孔左
右还有两个小孔。从这两个小孔中喷出的
等离子气对等离子弧有附加压缩作用，使
等离子弧的截面变为椭圆形。当椭圆的长
轴平行于焊接方向时，可显著提高焊接速
度，减小焊接热影响区的宽度。

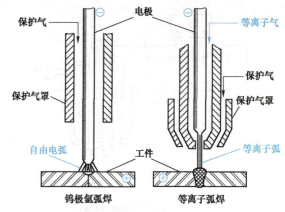

图6-8　钨极氩弧焊枪和等离子弧焊枪的比较

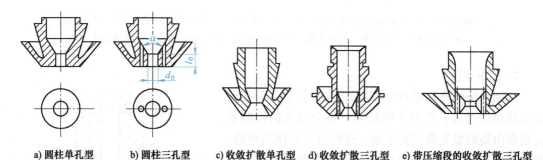

a) 圆柱单孔型　　b) 圆柱三孔型　　c) 收敛扩散单孔型　　d) 收敛扩散三孔型　　e) 带压缩段的收敛扩散三孔型

图6-9　等离子弧焊枪喷嘴的典型结构

d_n—喷嘴孔径　l_0—喷嘴孔道长度　α—压缩角

压缩喷嘴的结构类型和尺寸对等离子弧性能起决定性作用。压缩喷嘴有两个重要的喷嘴
形状参数：喷嘴孔径 d_n 及喷嘴孔道长度 l_0。

1）喷嘴孔径 d_n。喷嘴孔径 d_n 决定了等离子弧的直径及能量密度，应根据焊接电流大
小及等离子气种类及流量来选择。对于给定的电流和等离子气流量，喷嘴孔径 d_n 越小，对
电弧的压缩作用越大；如 d_n 过大，就无压缩效果了。但 d_n 太小时，等离子弧的稳定性下
降，甚至导致双弧现象，烧坏喷嘴。对于一定的喷嘴孔径 d_n，有一个合理的电流范围，
表6-2列出了各种直径的喷嘴孔径与等离子弧电流的关系。

表6-2　各种直径的喷嘴孔径与等离子弧电流的关系

喷嘴孔径/mm	等离子弧电流/A		喷嘴孔径/mm	等离子弧电流/A	
	焊接	切割		焊接	切割
0.6	≤5	—	2.8	150~250	240
0.8	1~25	14	3.2	150~300	280
1.2	20~60	80	3.5	180~350	380
1.4	30~70	100	4.0	250~400	400
2.0	40~100	140	4.5	280~450	450

对于相同的喷嘴孔径，切割时电流可以用得更大一些，这是因为切割时的等离子气流量

远大于焊接时的等离子流量。

2）喷嘴孔道长度 l_0。在一定的喷嘴孔径 d_n 下，孔道长度 l_0 越长，对等离子弧的压缩作用越强，但 l_0 太大时，等离子弧不稳定。常以 l_0/d_n 表示喷嘴孔道压缩特征，称为孔道比。孔道比超过一定值会导致双弧的产生。通常要求孔道比 l_0/d_n 在一定的范围之内，见表 6-3。

表 6-3 各种直径的喷嘴孔径与喷嘴用途

喷嘴用途	喷嘴孔径 d_n/mm	孔道比 l_0/d_n	压缩角 α	等离子弧类型
焊接	0.6~1.2	2.0~6.0	25°~45°	联合型弧
	1.6~3.5	1.0~1.2	60°~90°	转移型弧
切割	0.8~2.0	2.0~2.5	—	转移型弧
	2.5~5.0	1.5~1.8	—	转移型弧
堆焊	—	0.6~0.98	60°~75°	转移型弧

3）压缩角 α。压缩角又称为锥角，对等离子弧的压缩有一定的影响。当等离子气流量及孔道比 l_0/d_n 较小时，α 在 30°~160°范围内都可以用。但压缩角 α 最好与钨极的端部形状配合来选择，保证将阳极斑点稳定在电极的顶端，以免等离子弧不是在钨极顶端引燃而是缩在喷嘴内。压缩角 α 通常为 60°~90°，尤其以 60°应用较多。

喷嘴材料一般选用纯铜。大功率喷嘴必须采用直接水冷；为提高冷却效果，喷嘴壁厚一般不宜大于 2~2.5mm。

（3）电极 等离子弧焊枪的剖面结构如图 6-10 所示。等离子弧焊一般采用钍钨极或铈钨极，有时也采用锆钨极或锆电极。钨极一般需要水冷，小电流时采用间接水冷方式，钨极为棒状电极；大电流时采用直接水冷，钨极为镶嵌式结构。

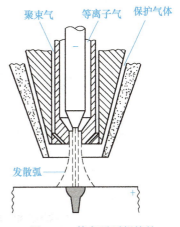

图 6-10 等离子弧焊枪的剖面结构

为了便于引弧和提高电弧稳定性，棒状电极端头一般磨成具有 20°~60°夹角的尖锥形或尖锥平台形，电流较大时还可磨成圆台形或球形，以减少烧损。表 6-4 列出了棒状电极的许用电流。镶嵌式电极的端部一般磨成平面形。为了保证焊接电弧稳定，不产生双弧，钨极应与喷嘴保持同心。同心度可根据电极和喷嘴之间的高频火花在电极四周的分布情况来检查，一般焊接时要求高频火花布满圆周 75%~80% 以上。

表 6-4 不同直径棒状电极的许用电流

电极直径/mm	电流范围/A	电极直径/mm	电流范围/A
0.25	<15	2.4	150~250
0.50	5~20	3.2	250~400
1.0	15~80	4.0	400~500
1.6	70~150	5~9	500~1000

　　由钨极安装位置所确定的钨极内缩长度，是一个对等离子弧有很大影响的参数。钨极内缩长度（图6-11）对电弧压缩作用有影响。钨极内缩长度增大，则压缩程度提高，但过大时会引起双弧。一般等离子弧焊枪的钨极内缩长度取 $l_r = l_0 \pm 0.2\mathrm{mm}$。

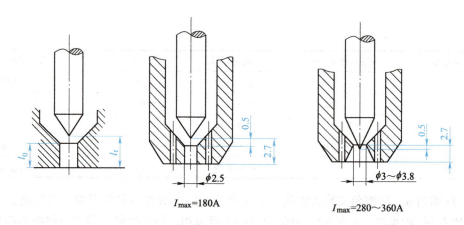

$I_{max}=180A$　　　　　$I_{max}=280 \sim 360A$

图6-11　等离子弧焊枪的钨极内缩长度

　　（4）焊枪结构　以 Thermalarc PWM300A 焊枪为例，等离子弧焊枪结构与组成如图6-12所示。

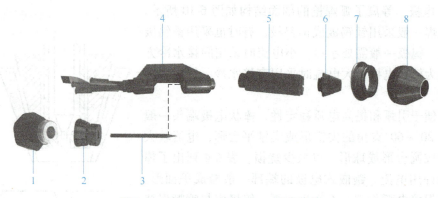

图6-12　Thermalarc PWM300A 焊枪结构

1—焊枪后帽　2—钨极夹　3—钨极　4—焊枪本体　5—气体分流器
6—导电嘴　7—保护气体扩散器　8—保护罩

4. 供气系统

　　等离子弧焊设备的气路系统较复杂。由等离子气路、正面保护气路及反面保护气路等组成，而等离子气路还必须能够进行衰减控制。为此，等离子气路一般采用两路供给，其中一路可经气阀放空，以实现等离子气的衰减控制。采用 $Ar+H_2$ 混合气体作等离子气时，气路中最好设有专门的引弧气路，以降低对电源空载电压的要求。

　　表6-5列出了大电流等离子弧焊用于焊接各种金属时所采用的气体。表6-6列出了小电流等离子弧焊常用的保护气体。

表 6-5　大电流等离子弧焊常用的等离子气及保护气体

金属	厚度/mm	焊接工艺	
		穿孔法	熔透法
碳钢	≤3.2	Ar	Ar
（铝镇静钢）	>3.2	Ar	25%Ar+75%He
低合金钢	≤3.2	Ar	Ar
	>3.2	Ar	25%Ar+75%He
不锈钢	≤3.2	Ar 或 92.5%Ar+7.5%H$_2$	Ar
	>3.2	Ar 或 95%Ar+5%H$_2$	25%Ar+75%He
铜	≤2.4	Ar	He 或 25%Ar+75%He
	>2.4	—	He
镍合金	≤3.2	Ar 或 92.5%Ar+7.5%H$_2$	Ar
	>3.2	Ar 或 95%Ar+5%H$_2$	25%Ar+75%He
活性金属	≤6.4	Ar	Ar
	>6.4	Ar+（50%~70%）He	25%Ar+75%He

注：表中气体所占比例为体积分数。

表 6-6　小电流等离子弧焊常用的保护气体

金属	厚度/mm	焊接工艺	
		穿孔法	熔透法
铝	≤1.6	不推荐	Ar 或 He
	>1.6	He	He
碳钢	≤1.6	—	Ar 或 75%Ar+25%He
（铝镇静钢）	>1.6	Ar 或 25%Ar+75%He	Ar 或 25%Ar+75%He
低合金钢	≤1.6	—	Ar 或 He 或 Ar+（1%~5%）H$_2$
	>1.6	25%Ar+75%He 或 Ar+（1%~5%）H$_2$	Ar 或 He 或 Ar+（1%~5%）H$_2$
不锈钢	所有厚度	Ar 或 25%Ar+75%He 或 Ar+（1%~5%）H$_2$	Ar 或 He 或 Ar+（1%~5%）H$_2$
铜	≤1.6	—	75%Ar+25%He 或 He 或 75%He+25%Ar
	>1.6	He 或 25%Ar+75%He	He
镍合金	所有厚度	Ar 或 25%Ar+75%He 或 Ar+（1%~5%）H$_2$	Ar 或 He 或 Ar+（1%~5%）H$_2$
活性金属	≤1.6	Ar 或 He 或 25%Ar+75%He	Ar
	>1.6	Ar 或 He 或 25%Ar+75%He	Ar 或 25%Ar+75%He

注：1. 气体选择仅指保护气体，在所有情况下等离子气均为氩气。
　　2. 表中气体所占比例为体积分数。

5. 水路系统

由于等离子弧的温度在 10000℃ 以上,为了防止烧坏喷嘴并增加对电弧的压缩作用,必须对电极及喷嘴进行有效的水冷却。冷却水的流量不得小于 3L/min,水压不小于 0.15 ~ 0.2MPa。水路中应设有水压开关,在水压达不到要求时,切断供电回路。

任务实施(等离子弧焊设备的使用与调试)

一、焊前准备

1. 设备

等离子弧焊设备 1 套,参见表 6-7。

表 6-7 等离子弧焊设备清单

序号	设备名称	设备照片
1	控制柜	
2	等离子弧焊机 (Thermalarc TransMig550i)	
3	等离子控制器 (Thermalarc WC100B)	

（续）

序号	设备名称	设备照片
4	压缩机	
5	控制台	
6	等离子弧焊枪	
7	行走机构	

2. 试件

选用牌号为06Cr19Ni10（相当于美国牌号304）不锈钢板1块，尺寸为300mm×150mm×8mm。用砂轮机打磨试件，使之露出金属光泽。使用绸子布、乙醇对打磨区域进行擦拭清洗，清洗打磨残留的铁屑、灰尘等。

3. 保护气体

等离子气：纯度为99.999%的高纯氩气。

等离子弧焊枪保护气体：95%氩气+5%氢气的混合气体。

正面拖罩保护和背面保护气体：纯度为99.99%的高纯氩气。

4. 工具

防护服、劳保鞋、焊接手套、扳手、钢丝刷、焊接面罩等。

二、设备使用与调试

1. 添加冷却水

从压缩机注水口加入去离子水，直至去离子水液面到达正常工作范围。当液面低于最低水位线或高于最高水位线（图 6-13）时，禁止使用等离子弧焊设备。

2. 起动设备

设备起动步骤参见表 6-8。

图 6-13　压缩机工作液面

表 6-8　等离子弧焊设备起动步骤

序号	操作步骤	操作图解
1	打开电源开关，控制柜指示灯亮起	
2	打开等离子弧焊机（Thermalarc TransMig550i）开关，焊机显示面板亮起	
3	打开压缩机开关按钮，压缩机指示灯亮起，压缩机开始工作	
4	打开等离子弧焊控制器开关，指示灯亮起	

（续）

序号	操作步骤	操作图解
5	按下控制柜运行开关按钮，控制柜运行指示灯亮起，同时控制面板开始起动	

3. 更换与打磨钨极

和钨极氩弧焊类似，等离子弧焊也是使用钨极作为电极，焊接时需要将钨极端部打磨成锥形，如果钨极在使用过程中发生了烧损，需要重新打磨。

旋开等离子弧焊枪上部的钨极压帽，取出烧损的钨极，如图 6-14 所示，使用砂轮机或专用工具将钨极端部重新打磨成锥形。

⚠ **钨极在焊接过程中温度较高，切勿用手直接接触，请佩戴手套操作！**

将打磨好的钨极从焊枪上部插入，使用顶针（图 6-15）嘴处顶入，以保证钨极内缩量为 3mm，最后旋紧钨极压帽，完成钨极的更换，如图 6-16 所示。

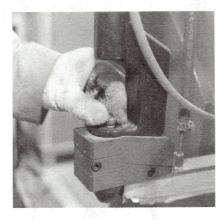

图 6-14　取出钨极

图 6-15　顶针

4. 平敷焊接

等离子弧平敷焊步骤见表 6-9。

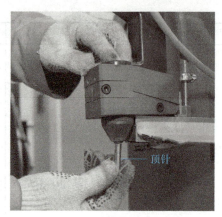

顶针

图 6-16　钨极的安装

表 6-9　等离子弧平敷焊步骤

序号	步骤名称	具体操作步骤	操作图解
1		打开保护气体。使用活扳手依次打开焊枪保护气、等离子气、拖罩保护气、背面保护气阀门	
2	打开与调节保护气体	打开控制面板上的"等离子检气"开关,检查焊枪保护气与等离子气流量	焊枪保护气流量　等离子气流量

序号	步骤名称	具体操作步骤	操作图解
3	装夹试件	试件摆放在等离子弧焊工作台上，调整好位置后，踩下"夹紧脚踏"，连续踩两下，前压板下压夹紧试件上侧，再连续踩两下，后压板下压夹紧试件下侧	
4		调节控制面板上的"手动前进"或"手动后退"按钮，将焊枪调节到起弧位置	
5	调节焊枪头	调节控制面板上等离子弧焊枪头调节开关，调节枪头的高低	
6		等离子弧焊枪头到试件的距离为6~8mm	

（续）

序号	步骤名称	具体操作步骤	操作图解
7	开引导弧	等离子弧焊接前，先在控制面板上打开引导弧。"引导弧"开关打开后，等离子弧焊枪头引导弧随之引燃	
8		在控制面板上按下"焊启"开关按钮，开始焊接试件	
9	焊接试件	到达收弧位置时，按下控制面板上的"焊停"开关按钮，等离子弧熄灭，枪头自动抬起	

（续）

序号	步骤名称	具体操作步骤	操作图解
10	关闭引导弧	焊接结束，枪头抬起后，在控制面板上关闭引导弧	
11		引导弧关闭后，按控制面板上的"手动后退"按钮，把枪头退到起焊位置，以便取出试件	
12	取下试件	退枪后，连续踩左踏板两次，松开夹紧压板，佩戴焊工手套，取出试件	
13	关闭保护气	使用活扳手关闭焊枪保护气、等离子气、拖罩及背保护气	

等离子弧焊设备关闭微课

5. 关闭设备

设备关闭步骤见表6-10。

表6-10　等离子弧焊设备关闭步骤

序号	操作步骤	操作图解
1	关闭等离子弧焊控制台开关，指示灯熄灭	
2	按压缩机开关按钮，压缩机指示灯熄灭	
3	关闭等离子焊机开关，焊机显示面板熄灭	
4	按下控制柜"停止"按钮，控制柜运行指示灯熄灭，同时控制面板也随之关闭	

（续）

序号	操作步骤	操作图解
5	关闭电源开关，控制柜指示灯熄灭	

任务 2　8mm 不锈钢板平对接焊接

学习目标

1. 掌握等离子弧焊的焊接工艺参数。
2. 能够正确选择焊接电流。
3. 能够正确选择焊接速度。
4. 能够正确选择等离子气及保护气流量。
5. 能够正确使用等离子弧焊设备焊接平对接 8mm 不锈钢板。

必备知识

一、等离子弧焊的焊接工艺参数

在喷嘴结构形状和尺寸确定后，焊接电流、焊接速度和等离子气流量三个焊接参数之间需合理匹配，才能获得最佳的效果。

1. 焊接电流

焊接电流应根据板厚或熔透要求来选定。焊接电流过小时，难以形成小孔效应；焊接电流增大，则等离子弧穿透能力增大，但电流过大会造成熔池金属因小孔直径过大而坠落，难以形成合格焊缝，甚至引起"双弧"现象，损伤喷嘴并破坏焊接过程的稳定性。因此，在喷嘴结构确定后，为了获得稳定的小孔焊接过程，焊接电流只能在一个合适的范围内选择，而且这个范围与等离子气的流量有关。

2. 焊接速度

焊接速度也是影响小孔效应的一个重要焊接参数，应根据等离子气流量及焊接电流来选择。其他条件一定时，如果焊接速度增大，则焊接热输入减小，小孔直径随之减小，直至消失，失去小孔效应。反之，如果焊接速度太小，母材过热，则小孔扩大，熔池金属易坠落，甚至造成焊缝凹陷、焊穿等缺陷。

因此，焊接速度的确定取决于等离子气流量和焊接电流，这三个焊接参数的相互匹配关系如图 6-17 所示。由图 6-17 可见，为了获得平滑的穿孔型焊缝，随着焊接速度的提高，必须同时提高焊接电流。如果焊接电流一定，增大等离子气流量就要增大焊接速度。焊接速度一定时，增加等离子气流量应相应减小焊接电流。

试验结果表明，在一定喷嘴结构和尺寸及其他条件不变的情况下，焊接电流、焊接速度和等离子气流量三者在一定范围内可采取多种匹配组合，即改变某一焊接参数，另一参数做相应调整，也能使焊接熔池实现小孔效应，获得满意的焊缝成形。焊接电流、焊接速度和等离子气流量相互之间有如下的匹配规律：

1）焊接电流一定时，增加等离子气流量，必须相应增加焊接速度，如图 6-17a 所示。

2）等离子气流量一定时，增加焊接速度，必须相应增大焊接电流，如图 6-17b 所示。

3）焊接速度一定时，增加等离子气流量应相应减小焊接电流，如图 6-17c 所示。

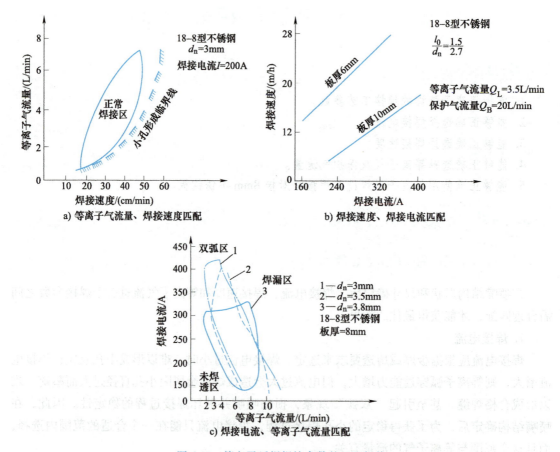

图 6-17　等离子弧焊焊接参数的匹配规律

按上述规律可以调试到既能保证小孔形成，又无双弧出现，且焊接生产率最佳的焊接参数匹配方案。

3. 喷嘴距工件的距离

喷嘴距工件的距离过大时，熔透能力降低；距离过小时，易造成喷嘴被飞溅物堵塞，破坏喷嘴正常工作。喷嘴距工件的距离一般取 3~8mm。和钨极氩弧焊相比，等离子弧焊时喷嘴距离变化对焊接质量的影响不太敏感。

4. 等离子气及保护气流量

等离子弧焊时，除向焊枪压缩喷嘴输送等离子气外，还要向焊枪保护气罩输送保护气体，以充分保护焊接熔池不受大气影响。等离子气及保护气应根据被焊金属及电流大小来选择。

应用最广泛的等离子气是氩气（Ar），它适用于所有金属。为了增加工件的热输入，提高焊接生产率及改善接头质量，针对不同的金属，可在 Ar 中分别加入 H_2、He 等气体。例如，焊接不锈钢和镍合金时，在 Ar 中加入 H_2($\varphi(H_2)$ = 5%~7.5%，H_2 的含量过多会引起气孔或裂纹。穿孔法焊接薄板时，混合气体中允许的 H_2 含量可比焊厚板时略高些）。焊接钛及钛合金时，在 Ar 中加入 He($\varphi(He)$ = 50%~75%)；焊接铜时，甚至可完全采用 He。

大电流等离子弧焊时，等离子气和保护气相同。如果两者成分不同，将影响等离子弧的稳定性。小电流等离子弧焊，通常采用纯 Ar 作等离子气。这是因为 Ar 的电离电位较低，可保证非转移弧容易引燃和稳定燃烧。

等离子气流量决定了等离子弧流力和熔透能力。等离子气的流量越大，熔透能力越大。但等离子气流量过大会使小孔直径过大而不能保证焊缝成形。因此，应根据喷嘴直径、等离子气的种类、焊接电流及焊接速度选择适当的等离子气流量。利用熔透法焊接时，应适当降低等离子气流量，以减小等离子弧流力。

保护气体的成分可以和等离子气相同，也可以不同。焊接低碳钢和低合金钢时，可采用 $Ar+CO_2$ 作保护气体，$\varphi(CO_2)$ = 5%~20%，加入 CO_2 后有利于消除焊缝内的气孔，并能改善焊缝表面成形，但不宜加入太多，否则熔池下塌，飞溅增大。

保护气流量与等离子气流量应有一个适当的比例，比例不当会导致气流紊乱。保护气流量应根据焊接电流及等离子气流量来选择。在一定的等离子气流量下，保护气流量太大时，会导致气流的紊乱，影响电弧稳定性；而保护气流量太小时，保护效果也不好。

穿孔型焊接时，保护气流量一般为 15~30L/min。采用较小的等离子气流量焊接时，等离子弧流力减小，电弧的穿透能力降低，只能熔化焊件，不能形成小孔，焊缝成形过程与钨极氩弧焊相似，这种方法（即熔透型等离子弧焊）适用于薄板、多层焊的盖面焊及角焊缝的焊接。

二、等离子弧焊的应用

等离子弧焊适于焊接不锈钢、钛合金、低碳钢或低合金结构钢，以及铝及铝合金、铜、镍及镍合金的对接焊缝。在适当厚度范围内，等离子弧焊可在不开坡口、不加填充金属、不用衬垫的条件下实现单面焊双面成形；大厚度板可采用 V 形或 U 形坡口多层焊。

1. 铝及铝合金的等离子弧焊

焊接铝及铝合金时，采用直流反接或交流。铝及铝合金交流等离子弧焊多采用矩形波交流焊接电源，用氩气作为等离子气和保护气。对于纯铝、防锈铝，采用等离子弧焊的焊接性良好；硬铝的等离子弧焊的焊接性尚可。

铝及铝合金等离子弧焊时，为了获得高质量的焊缝，应注意以下几点：

1）焊前要加强对工件、焊丝的清理，防止氢溶入而产生气孔，还应加强对焊缝和焊丝的保护。

2）采用交流等离子弧焊时，许用等离子气流量较小，若等离子弧的吹力过大，铝熔池的液态金属被向上吹起，形成凹凸不平或不连续的凸峰状焊缝。为了加强钨极的冷却效果，可以适当加大喷嘴孔径或选用多孔型喷嘴。

3）当板厚大于6mm时，要求焊前预热至100~200℃。板厚较大时，用He作等离子气或保护气，可增加熔深或提高焊接效率。

4）需用的垫板和压板用导热性不好的材料（如不锈钢）制造。垫板上加工出深度为1mm、宽度为20~40mm的凹槽，以使待焊铝板坡口近处不与垫板接触，防止散热过快。

5）板厚不大于10mm时，在对接坡口上每间隔150mm定位焊一点；板厚大于10mm时，每间隔300mm定位焊一点。定位焊采用与正常焊接相同的电流。

6）多道焊时，焊完前一道焊道后应用钢丝或铜丝刷清理焊道，直至露出纯净的铝表面。

2. 钛及钛合金的等离子弧焊

等离子弧焊能量密度高、效率高，厚度为2.5~15mm的钛及钛合金板材采用穿孔型方法可一次焊透，并可有效地防止产生气孔。熔透型等离子弧焊方法适于各种板厚，但一次焊透的厚度较小，板厚在3mm以上时一般需开坡口。

钛的弹性模量仅相当于铁的1/2，在应力水平相同的条件下，钛及钛合金焊接接头将发生比较显著的变形。等离子弧的能量密度介于钨极氩弧和电子束之间，采用等离子弧焊接钛及钛合金时，热影响区较窄，焊接变形也较易控制。微束等离子弧焊已经成功地应用于钛合金薄板的焊接，采用3~10A的焊接电流可以焊接厚度为0.08~0.6mm的钛合金板材。

由于液态钛的相对质量密度较小，表面张力较大，利用等离子弧焊的小孔效应可以单道焊接厚度较大的钛及钛合金，不致发生熔池塌陷，焊缝成形良好。通常单道钨极氩弧焊时，工件的最大厚度不超过3mm，因为钨极距离熔池较近，可能发生钨极熔蚀，使焊缝渗入钨夹杂物。等离子弧焊时，不开坡口就可焊透厚度达12mm的接头，不出现焊缝渗钨现象。

焊接TC4钛合金高压气瓶的试验结果表明，等离子弧焊的接头强度与钨极氩弧焊相当，强度系数均为90%，但接头塑性指标比钨极氩弧焊接头高，可达到母材的75%。根据30万t合成氨成套设备的生产经验，采用等离子弧焊接厚度为10mm的TA1工业纯钛板材，生产率比钨极氩弧焊提高5~6倍，对操作者的熟练程度要求也较低。

纯钛等离子弧焊的气体保护方式与钨极氩弧焊相似，可采用氩弧焊拖罩，但随着板厚的增加、焊接速度的提高，拖罩要加长，使处于350℃以上的区域得到良好保护。背面垫板上的沟槽一般宽度和深度各为2~3mm，同时背面保护气的流量也要增加。焊接厚度为15mm以上的钛板时，开6~8mm钝边的V形或U形坡口，用穿孔型等离子弧焊封底，然后用熔透型等离子弧焊填满坡口。用等离子弧焊封底可以减少焊道层数，减少填丝量和焊接角变形，提高生产率。熔透型多用于厚度为3mm以下薄件的焊接，比钨极氩弧焊容易保证焊接质量。

三、8mm 不锈钢板平对接焊接工艺卡（表 6-11）

表 6-11　8mm 不锈钢板平对接焊接工艺卡

考试项目	不锈钢板对接平焊	
项目代号	PAW-1G-01/07/08/10/19	
焊接方法	PAW（等离子弧焊）	
试件材质、规格	06Cr19Ni10，300mm×150mm×8mm	
焊材型号、规格	铈钨极，ϕ5.0mm	
保护气体及流量	等离子气： 99.999%Ar，气体流量 3.8L/min 等离子弧焊枪保护气： 95%Ar+5%H$_2$，气体流量 15L/min	间隙≤0.5
焊接位置	平焊（1G）	
其他	正面拖罩保护和背面保护气： 99.99%Ar，气体流量 20L/min	

预热		焊后热处理	
预热温度	—	温度范围	—
层间温度	—	保温时间	—
预热方式	—	其他	—

焊接参数

焊层（道）	焊接方法	焊材		焊接电流		焊接速度/（mm/min）	
		型（牌）号	直径/mm	极性	电流大小/A		
1	PAW	—	—	直流正接	220	240	
		引弧电流/A	引弧时间/s	上升时间/s	下降时间/s	收弧电流/A	收弧时间/s	收弧速度/（mm/min）
		30	0.2	0.2	0.5	50	0.2	20

施焊操作要领及注意事项

1. 焊前准备：将坡口内外侧 20mm 范围内的毛刺及油锈等污物清理干净，露出金属光泽
2. 装配：控制坡口间隙≤0.5mm，定位焊缝长度为 10~15mm
3. 打开保护气：使用活扳手依次打开焊枪保护气、等离子气、拖罩保护气、背面保护气阀门。打开控制面板上的"等离子检气"开关，检查焊枪保护气与等离子气流量
4. 试件装夹：试件摆放在等离子弧焊工作台上，调整好位置后，踩下夹紧脚踏，连续踩两下，前压板下压夹紧试件上侧，再连续踩两下，后压板下压夹紧试件下侧
5. 试件对中：调节控制面板上的"手动前进"和"手动后退"按钮，进行枪头红外线对中调节。运用焊枪头上的红外线对试件焊缝中心线进行检查、调节，保证试件焊缝中心线与焊枪行走轨迹在同一条直线上
6. 控制等离子弧焊枪头到试件的距离为 6~8mm
7. 焊接前开启引导弧，焊接结束后关闭引导弧

责任	姓名	资质（职称）	日期	
编制				单位盖章
审核				
批准				

一、焊前准备

1. 设备

等离子弧焊设备 1 套。

2. 试件

试件选用牌号为 06Cr19Ni10（相当于美国牌号 304）的不锈钢板，尺寸为 300mm×150mm×8mm，两块。用激光切割、等离子切割或机加工方法开 I 型坡口，如图 6-18 所示。用砂轮机打磨试件坡口两侧 20mm 内的铁锈和油污，直至露出金属光泽。使用绸子布、乙醇对打磨区域进行擦拭清洗，清洗掉打磨残留的铁屑、灰尘等。

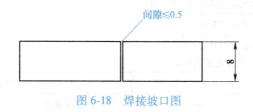

图 6-18　焊接坡口图

3. 焊材

8mm 不锈钢板采用等离子弧焊可以一次性焊透，采用 I 型坡口，无须添加焊丝。

4. 钨极

选择铈钨极，直径为 $\phi5.0$mm，钨极端部打磨成锥形。

5. 保护气体

等离子气：纯度为 99.999% 的高纯氩气。

等离子弧焊枪保护气：95% 氩气+5% 氢气的混合气体。

正面拖罩保护和背面保护气：纯度为 99.99% 的纯氩气。

6. 工具

防护服、劳保鞋、焊接手套、扳手、钢丝刷、焊接面罩等。

二、焊接操作

1. 开启设备

检查电路和气路，按照"任务 1 等离子弧焊设备的使用与调试"中表 6-8 的步骤起动等离子弧焊设备。

2. 装配与定位

按照图 6-18 进行试件的装配，控制间隙≤0.5mm，使用钨极氩弧焊方法进行定位焊，定位焊缝长度为 10~15mm。定位焊结束之后，如果错边量较大，必须进行矫正，控制错边量≤0.5mm。

3. 平对接焊接

焊接步骤见表 6-12。

表 6-12　8mm 不锈钢板平对接焊接步骤

序号	步骤名称	具体操作步骤	操作图解
1		使用活扳手依次打开焊枪保护气、等离子气、拖罩保护气、背面保护气阀门	
2	打开与调节保护气	打开控制面板上的"等离子检气"开关，检查焊枪保护气与等离子气流量	
3	装夹试件	将试件摆放在等离子弧焊工作台上，调整好位置后，踩下夹紧脚踏，连续踩两下，前压板下压夹紧试件上侧，再连续踩两次，后压板下压夹紧试件下侧	

（续）

序号	步骤名称	具体操作步骤	操作图解
4	对中试件	通过控制面板上的"手动前进"或"手动后退"按钮进行枪头红外线对中调节	
5		运用焊枪头上的红外线对试件焊缝中心线进行检查、调节，保证试件焊缝中心线与焊枪行走轨迹在同一条直线上	
6		调节控制面板上的"手动前进"或"手动后退"按钮，将焊枪调节到起弧位置	
7	调节枪头	调节控制面板上的枪头调节开关，调节枪头的高低	
8		等离子弧焊枪头到试件的距离为6~8mm	

（续）

序号	步骤名称	具体操作步骤	操作图解
9		在控制面板上输入板厚和材料参数	
10	调节焊接参数	单击控制面板上的"等离子电流"和"直缝速度"，进行电流和速度的调节	
11		按照工艺卡（表6-11）调节P枪其他参数	
12		检查控制面板上的焊接方法和送丝状态，确认焊接方法处显示"等离子开"，送丝状态处显示"送丝关"	
13	开引导弧	等离子焊接前，先在控制面板上打开引导弧。打开"引导弧"开关后，等离子弧焊枪头引导弧随之引燃	

（续）

序号	步骤名称	具体操作步骤	操作图解
14		在控制面板上按下"焊启"开关按钮，开始焊接试件	
15	焊接试件	到达收弧位置时，按下控制面板上的"焊停"开关按钮，等离子弧熄灭，枪头自动抬起	
16	关闭引导弧	焊接结束，枪头抬起后，在控制面板上关闭引导弧	

序号	步骤名称	具体操作步骤	操作图解
17		引导弧关闭后，按控制面板上的"手动后退"按钮，将枪头退到起焊位置，以便取出试件	
18	取下试件	退枪后，连续踩左踏板两次，松开夹紧压板，佩戴焊工手套，取出试件	
19	关闭保护气	使用活扳手关闭焊枪保护气、等离子气、拖罩及背保护气阀门	
20	焊后外观检查	焊接完成后，对焊缝进行外观检查，检查焊缝正反两面有无气孔、裂纹、未焊透等缺陷	

8mm 不锈钢板平对接
等离子弧焊微课

4. 关闭设备

按照表 6-10 中的步骤关闭等离子弧焊设备。

复习思考题

1. 什么是等离子弧？简述等离子弧的形成过程。

2. 等离子弧焊有什么优点和缺点？适用于何种场合？

3. 简述等离子弧焊的原理。等离子弧焊有几种基本方法？各有什么特点？

4. 等离子弧焊与钨极氩弧焊相比有什么异同？在何种条件下能发挥等离子弧焊的优势？

5. 何谓非转移型等离子弧？非转移型等离子弧在焊接过程中起什么作用？

6. 等离子弧焊的焊接参数有哪些？

7. 等离子弧焊的焊接参数对焊接质量有什么影响？

8. 选择等离子弧焊的焊接参数时，应考虑哪几个方面的问题？

9. 等离子弧焊的"双弧"现象是如何产生的？

10. 简述防止产生"双弧"的措施。

附　　录

氩弧焊安全防护

氩弧焊时，要经常与工业电、高频电、高压气瓶及冷却水等打交道，要防止触电、火灾、高压气瓶爆炸。焊接过程中有电弧光，要防止电弧辐射伤害眼睛和外露皮肤。高压电、臭氧、氮化物等气体对人体有害，要注意通风、防护。氩弧焊工要掌握基本的安全防护知识，以确保安全生产。

1. 防止触电

1）焊接操作时要注意绝缘，经常操作位置的脚下应铺设胶板，穿绝缘鞋和干燥的工作服、戴手套（必要时加戴薄绝缘手套），工作地点应通风、干燥，禁止在有积水的地方操作。

2）设备的外壳与电源要可靠接地，连接地线的螺钉不得松动。

3）脉冲及高频装置工作时，控制箱门要闭合。

4）焊接过程中，不得移动通电的设备，移动时应先切断电源。

5）焊接设备有故障时，要先切断电源，由专业电工进行修理。

6）起动焊机时，焊枪和接地线不允许短路。

7）焊枪、电缆线的绝缘应可靠，不应将电缆线放在电弧附近或炽热的焊缝金属上，避免烧坏绝缘层；如果发现绝缘损坏，要及时修整。

8）当在金属容器中工作时，焊工应备有：

① 防止与焊件接触的胶皮垫。

② 保护头部的胶盔式面罩。

③ 工作电压不超过 12V 的手提式照明灯。

④ 胶鞋和干燥的工作服。

监护人应与焊工保持联系。

2. 防止紫外线和弧光辐射

氩弧焊时，电弧光很强，弧光中紫外线的强度要比焊条电弧焊时大 5~10 倍，所以应做好紫外线对眼睛和皮肤灼伤的防护，防止弧光辐射的伤害。

1）焊接时，要穿好工作服、戴好线手套和面罩才能进行操作，防止皮肤裸露。一般情况下，护目镜片选用 9 号的黑玻璃，当电流较大时，可适当减小镜片的号数。

2）两人以上在一起工作时（如有监护人或辅助工人等），引弧时应提醒对方注意防护。

3）工作地点应用挡板隔开，以免影响他人正常工作；同一地点多人进行焊接时，一般要背向背操作。

4）当紫外线辐射引起电光性眼炎时，可用湿毛巾敷眼睛或将牛奶、人奶滴入眼内，或将豆腐放在毛巾上敷眼睛；睡前，将油脂眼药膏挤入眼内，重患者用 5% 的丁卡因（潘妥卡因），闭眼休息。一般 1~2 天即可痊愈。

3. 防止燃烧和爆炸

1) 补焊盛装过油类和易燃气体的容器，焊前应将容器清洗干净，使之无油或无残存易燃气体，方可进行施焊。

2) 补焊有压力的容器，将容器内的压力泄掉，然后再进行补焊。

3) 焊接封闭式容器时，应在焊件上钻一个小排气孔，焊后再将小孔焊死。

4) 在进行焊接的地方，不允许有易燃易爆物品，如汽油、乙醇、丙酮等。

5) 焊接镁合金时，工作地点的周围不应存放未经处理或涂过油的镁合金细碎废料，以免引起爆炸。

6) 氩气瓶应放在远离热源的地方，并要固定好，防止意外倾倒。

7) 焊后的焊件不要放在易燃易爆物品附近。

4. 操作安全防护

氩弧焊时，常采用高频引弧和稳弧。高频对人体有一定的影响；氩弧的高温能分解出臭氧、氮氧化物和金属粉尘等，这些对人体都有一定的影响，所以必须了解和掌握防护措施。

（1）高频电 高频振荡器所产生的 250Hz、3000V 的高压，对人体有一定的影响，为减小高频危害，必须做到：

1) 尽量缩短高频作用的时间，熔化极自动焊时，只在引弧时才采用，引弧后马上切除高频。手工交流钨极氩弧焊时，引弧采用高频，而稳弧时，则采用脉冲稳弧。

2) 用高压脉冲发生器来取代高频振荡器。

3) 采用高频屏蔽式焊枪。

4) 降低高频振荡器的频率。其方法是加大高频振荡器回路的电容器和感应线圈参数；或在高频输出回路加接感应线圈。

（2）有害气体与金属粉尘 防止氩弧焊时分解的臭氧、氮氧化物和金属粉尘，应做到：

1) 工作场所应有良好的通风。

2) 固定地点工作时，可戴通风面罩或过滤口罩。

3) 自动焊时，可在接头处安装吸尘罩。

（3）钨极 钍钨极含有氧化钍，会产生微量放射线，因此尽量采用铈钨极焊接。在钨极氩弧焊时，因使用的钨极需要一定的形状，几乎每天都要修磨几次钨极。打磨时，操作者应戴好口罩和防护眼镜，防止被砂粒击伤，砂轮机应装有安全罩和吸尘设备，将磨掉的钨极粉末排出室外，防止钨极粉尘进入人体呼吸道。钨极应放在专用盒内保存。

5. 设备防护

1) 操作人员必须熟悉并掌握焊机的操作规程，设备有故障时，要请电工排除后方可使用。

2) 在焊接过程中，不允许调整焊接参数、极性、电源种类及控制按钮。

3) 设备不应超负荷使用，或长期在大电流下工作，以免温升过高，烧坏绝缘和整流元件。

4) 焊机应放置在干燥、无腐蚀、通风好的地方，防止生锈或腐蚀，损坏焊机。

5) 注意焊件放置，避免烧伤或烧坏电缆、通气管等。

参 考 文 献

［1］中华人民共和国人力资源和社会保障部．焊工（2018年版）：国家职业技能标准：6-18-02-04 ［S］．北京：中国劳动社会保障出版社，2019.

［2］中华人民共和国国家质量监督检验检疫总局．特种设备焊接操作人员考核细则：TSG Z6002—2010 ［S］．北京：新华出版社，2010.

［3］中国机械工程学会焊接学会．焊接手册：第1卷　焊接方法及设备 ［M］.3版．北京：机械工业出版社，2016.

［4］孙景荣．钨极氩弧焊：基础及工艺实践 ［M］．北京：化学工业出版社，2011.

［5］孙景荣．氩弧焊技术入门与提高 ［M］.3版．北京：化学工业出版社，2008.

［6］孙国君．手工钨极氩弧焊速学与提高 ［M］.2版．北京：化学工业出版社，2016.

［7］于增瑞．钨极氩弧焊实用技术 ［M］．北京：化学工业出版社，2004.

［8］赵伟兴．手工钨极氩弧焊培训教材 ［M］．哈尔滨：哈尔滨工程大学出版社，2010.

［9］陈茂爱．钨极氩弧焊 ［M］．北京：化学工业出版社，2014.

［10］邱言龙，聂正斌，雷振国．手工钨极氩弧焊技术快速入门 ［M］．上海：上海科学技术出版社，2011.